集中供热工程施工

主　编　吕　君　付　莹

副主编　王全福　张　炯

参　编　吕嘉元　倪　珅

　　　　张宗云　夏学彬

主　审　王宇清

哈爾濱工業大學出版社

图书在版编目(CIP)数据

集中供热工程施工/吕君,付莹主编. —哈尔滨:
哈尔滨工业大学出版社,2025.3. —ISBN 978-7-5767-1799-0

Ⅰ. TU995

中国国家版本馆 CIP 数据核字第 2025L89Z04 号

策划编辑 闻 竹 常 雨
责任编辑 常 雨 左仕琦
封面设计 童越图文
出版发行 哈尔滨工业大学出版社
社 址 哈尔滨市南岗区复华四道街 10 号 邮编 150006
传 真 0451-86414749
网 址 http://hitpress.hit.edu.cn
印 刷 哈尔滨起源印务有限公司
开 本 720 mm×1 000 mm 1/16 印张 10 字数 234 千字
版 次 2025 年 3 月第 1 版 2025 年 3 月第 1 次印刷
书 号 ISBN 978-7-5767-1799-0
定 价 88.00 元

前 言

本书是为适应高等职业教育教学改革，培养市政工程领域高素质技术技能人才的需要而编写的。本书力求体现高等职业教育的特点，从培养技术技能型人才出发，内容体现针对性、实用性和先进性，将理论与工程实际相结合，旨在帮助读者实现知识的积累、技术能力的提高和基本技能的培养，引导读者学习和掌握集中供热工程的设计与施工并将所学内容应用于实际。

本书对教学内容进行重构和优化，以“工作过程”为导向，职业能力培养为主线，注重知识、能力和素质三者之间的关系，体现了教学与行业发展的紧密结合。本书共 5 个模块，分别是模块 1 集中供热系统的施工图，模块 2 集中热水供热系统的水力工况，模块 3 集中供热系统管网的施工安装，模块 4 集中供热系统热力站的施工安装，模块 5 集中供热系统的调节、运行与维护管理，每个模块都紧紧围绕集中供热工程设计、施工的核心内容进行编写。

本书采用国家最新的技术规范和标准，涉及相关领域近年来的新工艺、新技术、新材料和新设备，根据“集中供热工程施工”课程的结构和教学内容，结合编者的教学经验，由校企合作共同开发，内容与工程实际接轨，并将素质教育融入其中，引领读者形成正确的世界观、人生观、价值观，树立爱岗敬业、精益求精的职业精神。本书配套视频、动画、课件等丰富多样的信息化资源，多维度展现教材内容，可提高学习兴趣。

本书由吕君、付莹担任主编，王全福、张炯担任副主编，吕嘉元、倪珅、张宗云、夏学彬参与编写，王宇清主审，全书由吕君、付莹统稿。具体分工如下：模块 1 由黑龙江建筑职业技术学院付莹编写；模块 2 由黑龙江建筑职业技术学院吕君编写；模块 3 由山西工程科技职业大学张炯和威立雅（哈尔滨）热电有限公司吕嘉元编写；模块 4 由黑龙江建筑职业技术学院倪珅、张宗云编写；模块 5 由黑龙江建筑职业技术学院王全福和哈尔滨哈投投资股份有限公司供热公司夏学彬编写。

在编写本书的过程中，编者得到了很多行业资深人士的精心指导，得到了同事、朋友、家人的理解与帮助，同时也得到了哈尔滨工业大学出版社的大力支持，在此一并致以衷心的感谢。

本书适合作为大中专院校市政类相关专业、供热通风与空调工程技术专业和建筑设备工程技术专业的教材或参考资料，可作为初涉市政行业的相关人员岗位培训教材，还可作为集中供热领域工程技术人员或从事相关工程技术及管理工作的专业人员的参考书。

由于编者水平有限，书中难免存在不足之处，恳请广大读者批评指正。

编 者

2024 年 12 月

目　　录

模块1　集中供热系统的施工图

1.1　集中热水供热系统

1. 集中供热系统的组成及分类

集中供热是指一个或几个热源通过热网向一个区域(居住小区或厂区)或城市的各热用户供热的方式,集中供热系统是由热源、热网和热用户三部分组成的。

在热能工程中,热源泛指能从中吸取热量的任何物质、装置或天然能源。供热系统的热源是指供热热媒的来源。由热源向热用户输送和分配供热介质的管线系统称为热网。利用集中供热系统热能的用户称为热用户,如室内供暖、通风空调、热水供应和生产工艺等用热系统。

集中供热系统向许多不同的热用户供给热能,供应范围广,热用户所需的热媒种类和参数不一,锅炉房或热电厂供给的热媒及其参数,往往不能满足所有用户的要求。因此,必须选择与热用户要求相适应的供热系统形式。

集中供热系统可按下列方式进行分类。

(1)根据热媒不同,分为热水供热系统和蒸汽供热系统。

(2)根据热源不同,分为热电厂供热系统和区域锅炉房供热系统。另外,也有以核供热站、地热、工业余热等作为热源的集中供热系统。

(3)根据供热管道的不同,分为单管制、双管制和多管制的集中供热系统。

2. 集中供热系统方案的确定

集中供热系统方案的选择确定是一个重要和复杂的问题,涉及国家的能源政策、环境保护政策、资源利用情况、燃料价格、近期与远期规划等重大原则事项。因此,必须由国家或地方主管机关组织有关部门人员,在认真调查研究的基础上,进行技术经济分析比较,提出可行性研究报告后,最终确定出技术上先进、适用可靠、经济上合理的最佳方案。

集中供热系统方案确定的基本原则是:有效利用并节约能源,投资少,见效快,运行经济,符合环境保护要求,符合国家各项政策法规的要求并适应当地经济发展的要求等。

3. 集中供热系统的热源形式

集中供热系统的热源形式应根据当地的发展规划以及能源利用政策、环境保护政策等诸多因素来确定。这是集中供热系统方案确定的首要问题,必须慎重地、科学地把握好这一环节。

集中供热系统的热源形式有区域锅炉房集中供热、热电厂集中供热,此外也可以利用核能、地热、电能、工业余热作为集中供热系统的热源。具体情况应根据实际需要、现实条件、发展前景等多方面因素，经多方论证，对几种不同方案加以比较确定。

以区域锅炉房(装置热水锅炉或蒸汽锅炉)为热源的供热系统称为区域锅炉房供热系统，包括区域热水锅炉房供热系统、区域蒸汽锅炉房供热系统和区域蒸汽—热水锅炉房供热系统。在区域蒸汽—热水锅炉房供热系统中，锅炉房内分别装设蒸汽锅炉和热水锅炉，使之各自组成独立的供热系统。

以热电厂为热源的供热系统称为热电厂供热系统。由热电厂同时供应电能和热能的能源综合供应方式称为热电联产。在热电厂供热系统中，根据选用汽轮机组的不同，有抽汽式、背压式以及凝汽式低真空热电厂供热系统。

4. 集中供热系统热媒的种类

集中供热系统的热媒主要有热水和蒸汽，应根据建筑物的用途、供热情况以及当地气象条件等，经技术经济比较后选择确定。

与蒸汽相比，以热水作为热媒具有以下优点。

(1)热水供热系统的热能利用率高。由于在热水供热系统中，没有凝结水和蒸汽泄漏及二次蒸汽的热损失，因此热能利用率比蒸汽供热系统高。实践证明一般可节约燃料20%～40%。

(2)以热水作为热媒时，可以改变供水温度来进行供热调节(质调节)，既能减少热网热损失，又能较好地满足卫生要求。

(3)热水供热系统的蓄热能力强，由于系统中水量多，水的比热容较大，因此在水力工况和热力工况短时间失调时，也不会引起供热状况的很大波动。

(4)热水可以远距离输送，系统供热半径大。

与热水相比，以蒸汽作为热媒具有以下优点。

(1)蒸汽作为热媒适用面广，能满足多种热用户的要求，特别是生产工艺用热，多要求以蒸汽作为热媒进行供热。

(2)与热网输送循环水所耗的电能相比，蒸汽网路中输送凝结水所耗的电能少得多。

(3)蒸汽在散热器或热交换器中，因温度和传热系数都比水高，可以减少散热设备面积，降低设备费用。

(4)蒸汽的密度小，在一些地形起伏很大的地区或高层建筑中，不会产生如热水供热系统那样大的静水压力，而且用户的连接方式简单，运行也较方便。

区域热水锅炉房供热系统按热水温度高低，可分为低温热水区域锅炉房供热系统和高温热水区域锅炉房供热系统。前者多用于住宅小区供暖，后者则适用于区域内热用户供暖、通风与空调、热水供应、生产工艺多方面的用热需要。

区域蒸汽锅炉房供热系统，根据热用户的要求不同，可分为蒸汽供热系统、设热交换器的蒸汽—热水供热系统及蒸汽喷射热水供热系统等多种形式，可根据实际情况，经分析比较确定其中一种。

热电厂供热系统中，可以利用低位热能的热用户(如供暖、通风、热水供应等)应首先考虑以热水作为热媒，因为以热水作为热媒，可按质调节方式进行供热调节，并能利用供热汽轮机的低压抽气来加热网路循环水，对热电联产的经济效益更为有利；生产工艺的热用户，通常以蒸汽作为热媒，蒸汽通常由供热汽轮机的高压抽气或背压排气供应。

承担民用建筑物供暖、通风、空调及生活热水热负荷的城镇供热管网应采用热水作热媒。同时承担生产工艺热负荷和供暖、通风、空调、生活热水热负荷的城镇供热管网，热媒应按下列原则确定：

(1)当生产工艺热负荷为主要负荷，且必须采用蒸汽供热时，应采用蒸汽作热媒；

(2)当以热水为热媒能够满足生产工艺需要(包括在用户处转换为蒸汽)，且技术经济合理时，应采用热水作热媒；

(3)当供暖、通风、空调热负荷为主要负荷，生产工艺又必须采用蒸汽供热，经技术经济比较认为合理时，可采用热水和蒸汽两种热媒。

5. 集中供热系统热媒的参数

热水供热管网最佳设计供、回水温度，应结合具体工程条件，考虑热源、供热管线、热用户系统等方面的因素，进行技术经济比较确定。以区域锅炉房为热源的热水供热系统，提高供水温度，对热源不存在降低热能利用率的问题时，提高供水温度和加大供回水温差，可使热网采用较小的管径，降低输送网路循环水的电能消耗和用户用热设备的散热面积，在经济上是合适的。但供回水温差过大，对管道及设备的耐压要求会提高，运行管理水平也需要相应提高。以小型区域锅炉房为热源时，设计供、回水温度可采用户内供暖系统的设计温度。

以热电厂为热源的供热系统，由于供热量主要由供热汽轮机做功发电后的蒸汽供给，因此热媒参数的确定涉及热电厂的经济效益问题。若提高热网供水温度，就要相应提高抽汽压力，这对节约燃料不利，但提高热网供水温度，加大供回水温差，却能降低热网基建费用和减少输送网路循环水的电能消耗。因此，热媒参数的确定应结合具体条件，考虑热源、管网、用户系统等方面的因素，进行技术经济比较。目前，国内的热电厂供热系统，设计供水温度一般可采用110～150 ℃，回水温度约70 ℃或更低一些。热电厂采用一级加热时，供水温度取较小值；采用二级加热(包括串联尖峰锅炉)时，供水温度取较大值。

蒸汽供热系统的蒸汽参数(压力和温度)的确定比较简单，以区域锅炉房为热源时，蒸汽的起始压力主要取决于用户要求的最高使用压力；以热电厂为热源时，当用户的最高使用压力给定后，采用较低的抽汽压力，将有利于热电厂的经济运行，但蒸汽管网管径相应粗些，因而，也有一个通过技术经济比较确定热电厂的最佳抽汽压力的问题。

多热源联网运行的供热系统中，各热源的设计、供回水温度应一致。当区域锅炉房与热电厂联网运行时，应采用以热电厂为热源供热系统的最佳供、回水温度。

6. 区域热水锅炉房集中供热系统

以区域锅炉房(装置热水锅炉或蒸汽锅炉)为热源的集中供热系统称为区域锅炉房集中供热系统。图1.1所示为区域热水锅炉房集中供热系统。热源处主要设备有热水锅炉、循环水泵、补给水泵及水处理设备，室外管网由一条供水管和一条回水管组成，热用户包括供暖用户、生活热水供应用户等。系统中的水在锅炉中被加热到需要的温度，循环水泵提供动力使水沿供水管路流向各用户，散热后的回水沿回水管路返回锅炉，水不断地在系统中循环流动。系统在运行过程中的漏水量或被用户消耗的水量，由补给水泵把经过处理的水从回水管补充到系统内，补充水量的多少可通过压力调节阀控制。除污器设在循环水泵吸入口侧，用以清除水中的污物、杂质，避免其进入水泵与锅炉内。

区域热水锅炉房集中供热系统可适当提高供水温度，加大供回水温差，这可以缩小热网管径，降低网路的电耗和用热设备的散热面积。

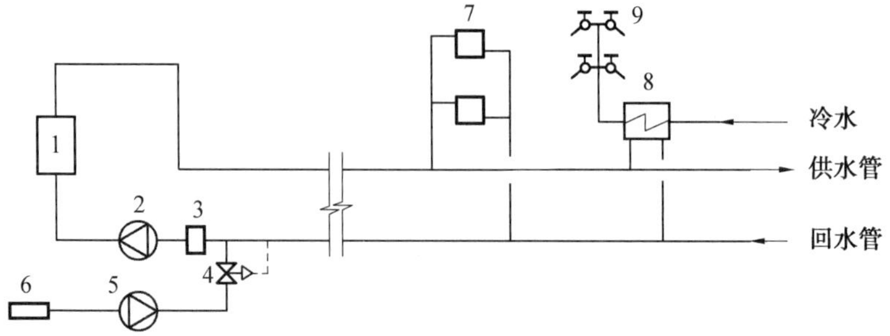

图 1.1　区域热水锅炉房集中供热系统示意图

1—热水锅炉；2—循环水泵；3—除污器；4—压力调节阀；5—补给水泵；
6—补充水处理装置；7—供暖散热器；8—生活热水加热器；9—水龙头

7. 集中热水供热系统的系统形式

集中热水供热系统的供热对象多为供暖、通风和热水供应热用户。按热用户是否直接取用热网循环水，集中热水供应系统又分为闭式系统和开式系统。

闭式系统：热用户不从热网中取用热水，热网循环水仅作为热媒，起转移热能的作用，供给用户热量。闭式系统从理论上讲流量不变，但实际上热水在系统中循环流动时，总会有少量循环水向外泄漏，使系统的流量减少。在正常情况下，一般系统的泄漏水量不应超过系统总水量的 1%，泄漏的水靠热源处的补水装置补充。闭式系统容易监测网路系统的严密程度，补水量大就说明网路的漏水量大。

开式系统：热用户全部或部分地取用热网循环水，热网循环水直接消耗在生产和热水供应热用户上，只有部分热水返回热源。开式系统由于热用户直接耗用外网循环水，即使系统无泄漏，补给水量仍很大，系统补水量应为热水用户的消耗水量和系统泄漏水量之和。开式系统的补给水由热源处的补水装置补充，热水供应系统用水量波动较大，无法用热源补水量的变化情况判别热水网路的漏水情况。

8. 闭式双管热水供热系统连接形式

闭式双管热水供热系统是应用非常广泛的一种供热系统形式。闭式热水供热系统热用户与热水网路的连接方式分为直接连接和间接连接两种。

直接连接：热用户直接连接在热水网路上，热用户与热水网路的水力工况直接发生联系，热网水进入用户系统。

间接连接：外网水进入表面式水—水换热器加热用户系统的水，热用户与外网各自是独立的系统，二者温度不同，水力工况互不影响。

闭式热水供热系统中，热用户与热水网路的常见连接方式如下。

(1)无混合装置的直接连接供暖系统，如图 1.2(a)所示。当热用户与外网水力工况和温度工况一致时，热水经外网供水管直接进入供暖系统热用户，在散热设备散热后，回水直接返回外网回水管。这种连接形式简单，造价低。

(2)设水喷射器的直接连接供暖系统，如图 1.2(b)所示。外网高温水进入水喷射器，由喷嘴高速喷出后，喷嘴出口处形成低于用户回水管的压力，回水管的低温水被抽入水喷射器，与外网高温水混合，使热用户入口处的供水温度低于外网温度，符合用户系统的要求。

水喷射器(又叫混水器)无活动部件，构造简单、运行可靠，网路系统的水力稳定性好。但由于水喷射器抽引回水时需消耗能量，通常要求管网供、回水管在热用户入口处留有 0.08～0.12 MPa 的压差，这样才能保证水喷射器正常工作。

(3)设混合水泵的直接连接供暖系统，如图 1.2(c)所示。当建筑物热用户引入口处外网的供、回水压差较小，不能满足水喷射器正常工作所需的压差，或设集中泵站将高温水转为低温水向建筑物供热时，可采用设混合水泵的直接连接方式。

混合水泵设在建筑物入口或专设的热力站处，外网高温水与水泵加压后的热用户回水混合，降低温度后送入用户供热系统，混合水的温度和流量可通过调节混合水泵的阀门或外网供、回水管进出口处阀门的开启度进行调节。为防止混合水泵扬程高于外网供、回水管的压差而将外网回水抽入外网供水管，在外网供水管入口处应装设止回阀。设混合水泵的直接连接方式是目前高温水供热系统中应用较多的一种直接连接方式，但其造价较设水喷射器的直接连接方式高，运行中需要经常维护并消耗电能。

(4)设换热器的间接连接供暖系统，如图 1.2(d)所示。外网高温水通过设置在热用户引入口或热力站处的表面式水一水换热器，将热量传递给供暖热用户的循环水，在换热器内冷却后的回水返回外网回水管。热用户循环水靠用户水泵的驱动循环流动，用户循环系统内部设置膨胀水箱、集气罐及补给水装置，形成独立系统。

间接连接方式系统造价比直接连接高得多，而且运行管理费用也较高，适用于局部用户系统必须和外网水力工况隔绝的情况。例如，外网水在热用户入口处的压力超过了散热器的承压能力，或个别高层建筑供暖系统要求压力较高，又不能普遍提高整个热水网路的压力。另外，外网为高温水，而热用户是低温水供暖热用户时，也可以采用这种间接连接方式。

(5)通风热用户与热网直接连接系统，如图 1.2(e)所示。如果通风系统的散热设备承压能力较强，对热媒参数无严格限制，可采用最简单的直接连接形式与外网相连。

(6)无储水箱的间接连接热水供应系统，如图 1.2(f)所示。热水供应热用户与外网间接连接时，必须设有水一水换热器，外网水通过水一水换热器将城市生活给水加热，冷却后的回水返回外网回水管。该系统供水管上应设温度调节器，控制系统供水温度不随用水量的改变而剧烈变化。这是一种非常简单的连接方式，适用于一般住宅或公共建筑连续用热水且用水量较稳定的热水供应系统。

(7)装设上部储水箱的间接连接热水供应系统，如图 1.2(g)所示。城市生活给水被表面式水一水换热器加热后，先送入设在热用户最高处的储水箱，再通过配水管输送到各配水点，上部储水箱起着储存热水和稳定水压的作用，适用于用户需要稳压供水且用水时间较集中，用水量较大的浴室、洗衣房或工矿企业。

(8)装设容积式换热器的间接连接热水供应系统，如图 1.2(h)所示。容积式换热器不仅可以加热水，还可以储存一定量的水，不需要设上部储水箱，但需要较大的换热面积，适用于工业企业和小型热水供应系统。

(9)装设下部储水箱的间接连接热水供应系统,如图 1.2(i)所示。该系统设有下部储水箱、热水循环管和循环水泵。当热用户用水量较小时,水一水换热器的部分热水直接流入热用户,另外的部分流入储水箱储存;当热用户用水量较大,水一水换热器供水量不足时,储水箱内的水被城市生活给水挤出供给用户系统。装设循环水泵和循环管的目的是使热水在系统中不断流动,保证用户打开水龙头就能流出热水。这种方式复杂、造价高,但工作稳定可靠,适用于对热水供应要求较高的宾馆或高级住宅。

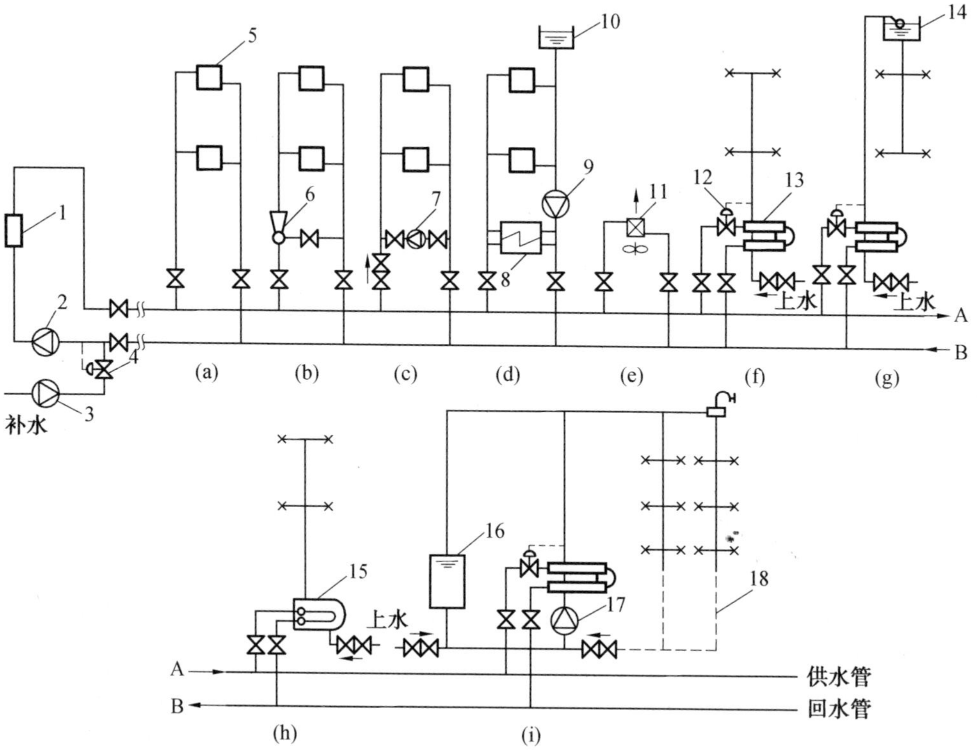

图 1.2　闭式双管热水供热系统

1—热源的加热设备;2—网路循环水泵;3—补给水泵;4—补给水压力调节器;5—散热器;6—水喷射器;7—混合水泵;8—表面式水一水换热器;9—供暖热用户系统的循环水泵;10—膨胀水箱;11—空气加热器;12—温度调节器;13—水一水换热器;14—储水箱;15—容积式换热器;16—下部储水箱;17—热水供应系统的循环水泵;18—热水供应系统的循环管路

9. 开式双管热水供热系统连接形式

开式热水供热系统中,热用户与热水网路的连接方式如下。

(1)无储水箱的连接方式,如图 1.3(a)所示。热网水直接经混合三通送入热水用户,混合水温由温度调节器控制。为防止外网供应的热水直接流入外网回水管,回水管上应设止回阀。采用这种方式的网路非常简单,适用于外网压力任何时候都大于热用户压力的情况。

(2)设上部储水箱的连接方式,如图 1.3(b)所示。网路供水和回水经混合三通送入热水用户的高位储水箱,热水再沿配水管路送到各配水点。这种方式常用于浴室、洗衣房或用水量较大的工业厂房。

(3)与城市生活给水混合的连接方式。如图 1.3(c)所示。当热水供应用户用水量很大

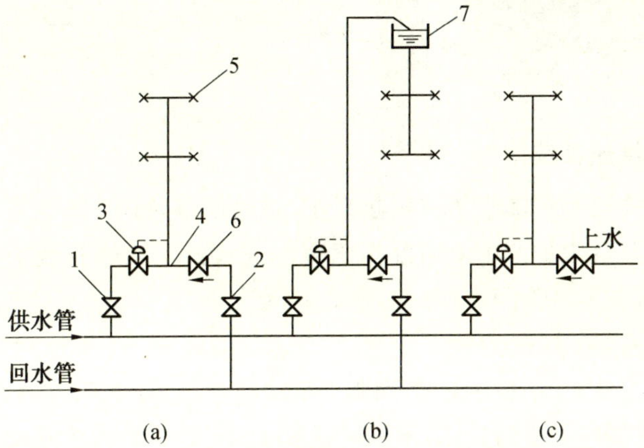

图 1.3 开式热水供热系统

1、2—进水阀门；3—温度调节器；4—混合三通；5—取水栓；6—止回阀；7—上部储水箱

并且需要的水温较低时，可采用这种连接方式。混合水温同样可用温度调节器控制。为了便于调节水温，外网供水管的压力应高于城市生活给水管的压力，在生活给水管上要安装止回阀，以防止外网水流入生活给水管。

10. 供热管网系统形式的确定

热水供热管网宜采用闭式双管制。以热电厂为热源的热水供热管网，同时有生产工艺、供暖、通风、空调、生活热水多种热负荷，在生产工艺热负荷与供暖热负荷所需供热介质参数相差较大，或季节性热负荷占总热负荷比例较大，且技术经济合理时，可采用闭式多管制。

当热水热力网满足下列条件，且技术经济合理时，可采用开式热力网：

(1)具有水处理费用较低的、丰富的补给水资源；

(2)具有与生活热水热负荷相适应的廉价低位能热源。

开式热水热力网在生活热水热负荷足够大且技术经济合理时，可不设回水管。

供热建筑面积大于 $1\ 000\times10^4\ m^2$ 的供热系统应采用多热源供热，且各热源热力干线应连通。在技术经济合理时，热力网干线宜连接成环状管网。

设计供热系统的主环线或多热源供热系统中热源间的连通干线时，事故工况下的最低供热量保证率应符合表 1.1 的规定，并应考虑不同事故工况下的切换手段。

表 1.1 事故工况下的最低供热量保证率

供暖室外计算温度 t/℃	最低供热量保证率/%
$t>-10$	40
$-10\leqslant t\leqslant-20$	55
$t<-20$	65

自热源向同一方向引出的干线之间宜设连通管线。连通管线应结合分段阀门设置。连通管线可作为输配干线使用。设计连通管线时，应使故障段切除后其余热用户的最低供热量保证率符合表 1.1 的规定。对供热可靠性有特殊要求的用户，有条件时应由两个热源供热，或者设置自备热源。

1.2 集中蒸汽供热系统

1. 热电厂集中蒸汽供热系统

图 1.4 所示为抽汽式热电厂集中蒸汽供热系统，该系统以热电厂作为热源，可以进行热能和电能的联合生产。蒸汽锅炉产生的高温高压蒸汽进入汽轮机膨胀做功，带动发电机组产生电能。该汽轮机组带有中间可调节抽汽口，故称抽汽式，可以从绝对压力为 0.8～1.3 MPa的抽汽口抽出蒸汽，向工业用户直接供应蒸汽。也可以从绝对压力为 0.12～0.25 MPa的抽汽口抽出蒸汽用以加热热网循环水，通过主加热器可使水温达到 95～118 ℃，再通过高峰加热器进一步加热后，水温可达到 130～150 ℃或更高温度以满足供暖、通风与热水供应等热用户的需要。在汽轮机最后一级做完功的乏汽排入冷凝器后变成凝结水，和水加热器内产生的凝结水以及工业用户返回的凝结水一起，经凝结水回收装置收集后，作为锅炉给水送回锅炉。

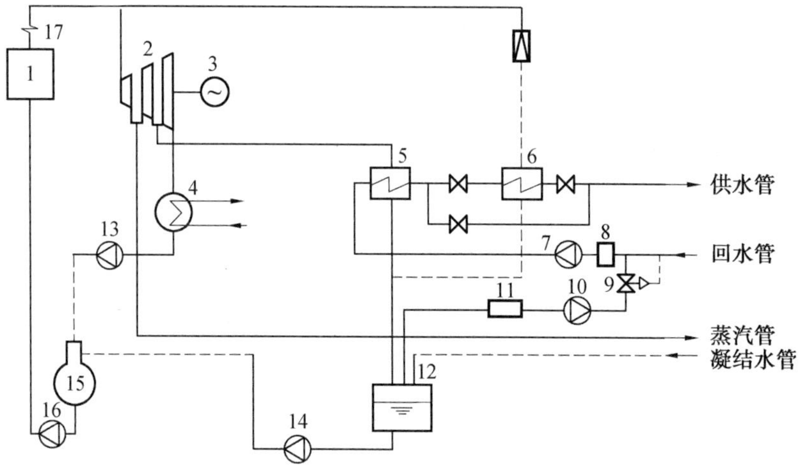

图 1.4　抽汽式热电厂集中蒸汽供热系统示意图

1—蒸汽锅炉；2—汽轮机；3—发电机；4—冷凝器；5—主加热器；6—高峰加热器；7—循环水泵；8—除污器；5—压力调节阀；4—补给水泵；4—补充水处理装置；12—凝结水箱；13、14—凝结水泵；15—除氧器；16—锅炉给水泵；17—过热器

图 1.5 所示为背压式热电厂集中蒸汽供热系统，该系统汽轮机最后一级排出的乏汽压力在 0.1 MPa(绝对压力)以上，故称背压式。一般排汽压力为 0.3～0.6 MPa 或 0.8～1.3 MPa，可将该压力下的蒸汽直接供给工业用户，同时还可以通过冷凝器加热热网循环水。

还有一种凝汽式低真空热电厂供热系统，当汽轮机组排出的乏汽压力低于 0.1 MPa(绝对压力)时，称为凝汽式低真空供热系统。纯凝汽式乏汽压力为 6 kPa，温度只有 36 ℃，不能用于供热，若适当提高乏汽压力达到 50 kPa，温度达到 80 ℃，就可以用来加热热网循环水，满足供暖用户的需要。其原理与背压式供热系统相同。

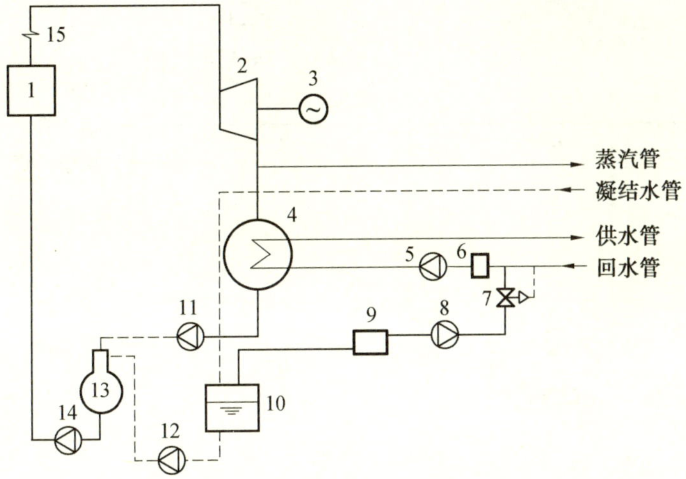

图1.5 背压式热电厂集中蒸汽供热系统示意图

1—蒸汽锅炉;2—汽轮机;3—发电机;4—冷凝器;5—循环水泵;6—除污器;7—压力调节阀;8—补给水泵;9—水处理装置;10—凝结水箱;11、12—凝结水泵;13—除氧器;14—锅炉给水泵;15—过热器

热电厂集中蒸汽供热系统中,生产工艺热用户可以利用供热汽轮机的高压抽汽或背压排汽,以蒸汽作为热媒进行供热。热用户要求的最高使用压力给定后,可以采用较低的抽汽压力,这有利于热电厂的经济运行,但蒸汽管网的管径会相应粗些,应经过技术经济比较后确定热电厂的最佳抽汽压力。

2. 区域锅炉房集中蒸汽供热系统

图1.6、图1.7所示为区域锅炉房集中蒸汽供热系统。蒸汽锅炉产生的蒸汽,通过蒸汽干管输送到各热用户,如供暖、通风、热水供应和生产工艺热用户等。也可根据用热要求,在锅炉房内设水加热器,集中加热热网循环水向各热用户供热。各室内用户系统的凝结水经疏水器和凝结水干管返回锅炉房的凝结水箱,再由锅炉补给水泵将水送进锅炉重新加热。

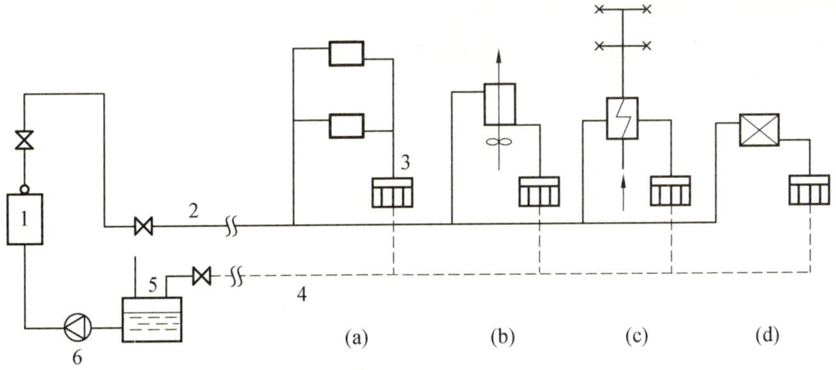

图1.6 区域锅炉房集中蒸汽供热系统示意图1

1—蒸汽锅炉;2—蒸汽干管;3—疏水器;4—凝结水干管;5—凝结水箱;6—锅炉补给水泵

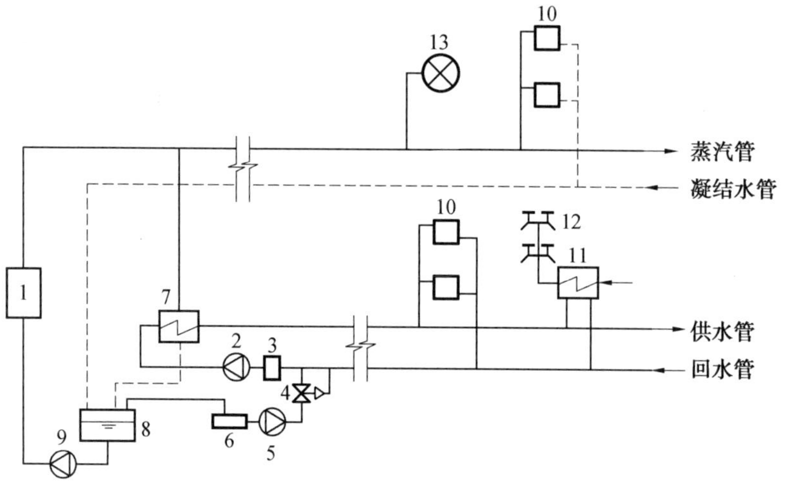

图 1.7　区域锅炉房集中蒸汽供热系统示意图 2

1—蒸汽锅炉；2—循环水泵；3—除污器；4—压力调节阀；5—补给水泵；6—补充水处理装置；7—热网水加热器；8—凝结水箱；9—锅炉给水泵；10—供暖散热器；11—生活热水加热器；12—水龙头；13—用汽设备

如果系统中只有供暖、通风和热水供应热负荷，可采用高温水作热媒。工业区内的集中供热系统，如果既有生产工艺热负荷，又有供暖、通风热负荷，生产工艺用热可采用蒸汽作热媒，供暖、通风用热可根据具体情况，经过全面的技术经济比较确定热媒。如果以生产用热为主，供暖用热量不大，且供暖时间又不长，宜全部采用蒸汽供热系统，对室内供暖系统部分可考虑用蒸汽换热器加热室内热水的供暖系统或直接利用蒸汽供暖；如果供暖用热量较大，且供暖时间较长，宜采用单独的热水供热系统向建筑物供暖。

区域锅炉房集中蒸汽供热系统的蒸汽起始压力主要取决于热用户要求的最高使用压力。蒸汽供热系统能够向供暖、通风和热水供应热用户提供热能，同时还能满足各类生产工艺用热的要求，它在工业企业中得到了广泛的应用。蒸汽供热管网一般采用双管制，即一根蒸汽管，一根凝结水管。有时，根据需要还可以采用三管制，即一根管道供应生产工艺用汽和加热生活热水用汽，一根管道供给供暖、通风用汽，它们的回水共用一根凝结水管道返回热源。

蒸汽供热管网与热用户的连接方式取决于外网蒸汽的参数和热用户的使用要求，也分为直接连接和间接连接两大类。图 1.8 所示为蒸汽供热管网与热用户的连接方式，锅炉生产的高压蒸汽进入蒸汽管网，以直接或间接的方式向各热用户提供热能，凝结水经凝结水管网返回热源凝结水箱，经凝结水泵加压后注入锅炉重新被加热成蒸汽。

图 1.8(a)所示为生产工艺热用户与蒸汽网路的直接连接。蒸汽经减压阀减压后送入用户系统，放热后生成凝结水，凝结水经疏水器流入用户凝结水箱，再由用户凝结水泵加压后返回凝结水管网。

图 1.8(b)所示为蒸汽供暖用户与蒸汽网路的直接连接。高压蒸汽经减压阀减压后向

供暖用户供热。

图1.8(c)所示为热水供暖用户与蒸汽网路的间接连接。高压蒸汽减压后，经蒸汽－水换热器将热用户循环水加热，热用户内部采用热水供热形式。

图1.8(d)所示为采用蒸汽喷射器的直接连接。蒸汽经喷射器喷嘴喷出后，产生低于热水供热系统回水的压力，回水被抽进喷射器，混合加热后送入用户系统，用户系统的多余凝结水经水箱溢流管返回凝水管网。

图1.8(e)所示为通风系统与蒸汽网路的直接连接，如果蒸汽压力过高，可用入口处减压阀调节。

图1.8(f)所示为设上部储水箱的蒸汽直接加热热水的热水供热系统。

图1.8(g)所示为采用容积式汽－水换热器的间接连接热水供热系统。

图1.8(h)所示为无储水箱的间接连接热水供热系统。

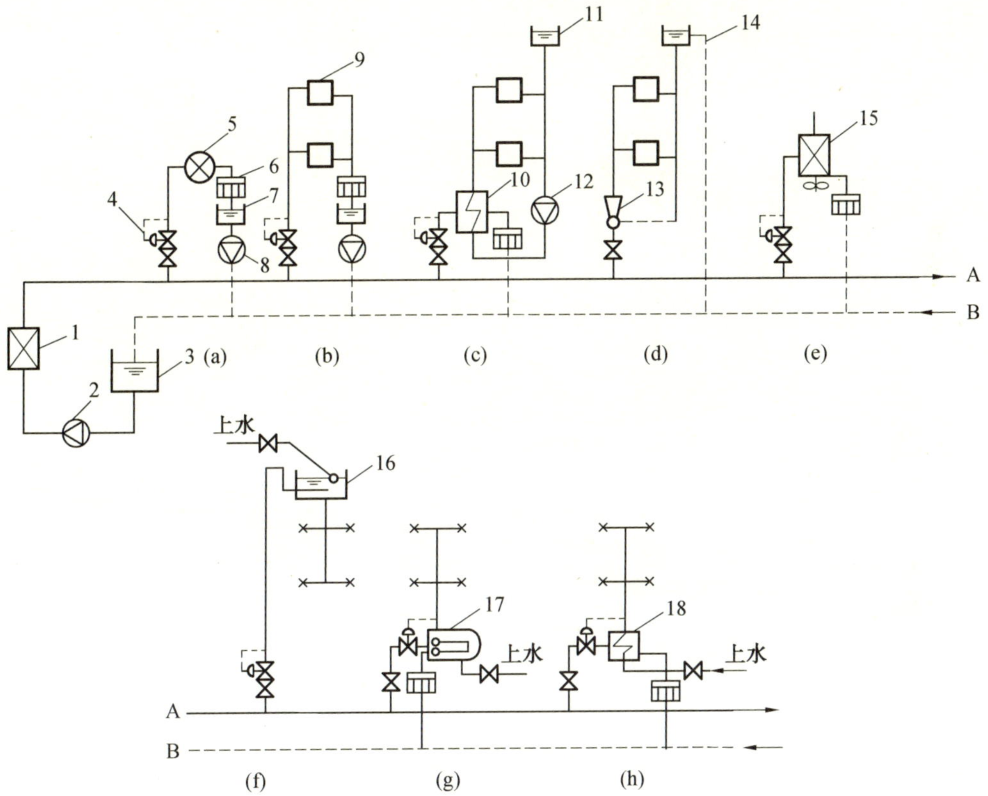

图1.8 蒸汽供热管网与热用户的连接方式

1—蒸汽锅炉；2—锅炉给水泵；3—凝结水箱；4—减压阀；5—生产工艺用热设备；6—疏水器；7—用户凝结水箱；8—用户凝结水泵；9—散热器；10—供暖系统用的蒸气－水换热器；11—膨胀水箱；12—循环水泵；13—蒸汽喷射器；14—溢流管；15—空气加热装置；16—上部储水箱；17—容积式换热器；18—热水供应系统的汽－水换热器

1.3 识读集中供热管网施工图

1. 室外供热管网施工图图例

室外供热管网施工图图例如表 1.2 所示。

表 1.2 室外供热管网施工图图例

序号	名称		图例
1	电动水泵		
2	疏水阀		
3	同心异径管		
4	偏心异径管		
5	活接头		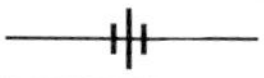
6	法兰盘		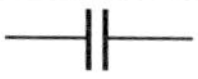
7	法兰盖		
8	丝堵		
9	可曲挠橡胶软接头		
10	挠性管软管		
11	保温管		
12	保护套管		
13	坡度及坡向		i=0.003 → 或 → i=0.003
14	固定支架	单管固定	
15		多管固定	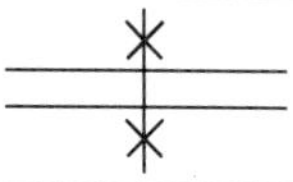
16	减压孔板		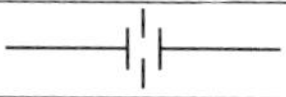
17	闸阀		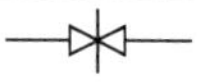
18	手动调节阀		
19	阀门(通用)		
20	球阀		
21	角阀		
22	平衡阀		
23	三通阀		
24	四通阀		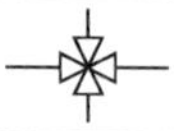

续表 1.2

序号	名称	图例
25	节流阀	
26	减压阀	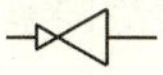
27	安全阀	
28	蝶阀	
29	止回阀	
30	浮球阀	
31	补偿器	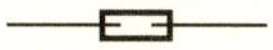
32	套筒补偿器	
33	方形补偿器	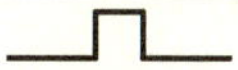
34	球形补偿器	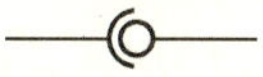
35	波纹管补偿器	
36	除污器	
37	Y 形过滤器	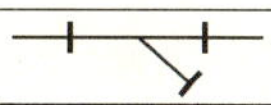

2. 室外供热管网平面图的识读

室外供热管网的平面图是在城市或厂区地形测量平面图的基础上，将供热管网的线路表示出来的平面布置图。将管网上所有的阀门、补偿器、固定支架、检查室等与管线一同标在图上，从而形象地展示了供热管网的布置形式、敷设方式及规模，具体地反映了管道的规格和平面尺寸，管网上附件和设备的规格、型号和数量，检查室的位置和数量等。供热管网的平面图是进行管网技术经济分析、方案审定的主要依据；是编制工程概、预算，确定工程造价、编制施工组织设计及进行施工的重要依据。在工程设计中，管网平面图是整个管网设计中非常重要的图纸，是绘制其他图纸的依据。

为了清晰、准确地把管线表示在平面图上，绘制供热管网平面图时，应满足下列要求。

(1)供水管道，应敷设在供热介质前进方向的右侧。

(2)供水管用粗实线表示，回水管用粗虚线表示。

(3)在平面图上应绘出经纬网络平面定位线(即城市平面测绘图上的坐标尺寸线)。

(4)在管线的转点及分支点处，标出其坐标位置。一般情况下，东西向坐标用“X”表示，南北向坐标用“Y”表示。

(5)管路上阀门、补偿器、固定点等的确切位置，各管段的平面尺寸和管道规格，管线转角的度数等均需在图上标明。

(6)将检查室、放气井、放水井、固定点进行编号。

(7)局部改变敷设方式的管段应予以说明。

(8)标出与管线相关的街道和建筑物的名称。

从理论上讲，用坐标来确定管线的位置是合理的，但从工程角度看，易出现误差，且施工不便。在工程设计中通常在管线的某些特殊部位以永久性建筑物为基准标出管线的具体位置，与坐标定位相配合。

3. 室外供热管网纵断面图的识读

室外供热管网的纵断面图是指依据管网平面图所确定的管道线路，在室外地形图的基础上绘制出的管道的纵向断面图和地形竖向规划图。在管道纵断面图上，应表示出下列内容。

(1)自然地面和设计地面的标高、管道的标高。

(2)管道的敷设方式。

(3)管道的坡向、坡度。

(4)检查室、排水井和放气井的位置及标高。

(5)与管线交叉的公路、铁路、桥涵、水沟等。

(6)与管线交叉的设施、电缆及其他管道等(如果它们位于供热管道的下方，应注明其顶部标高，如果它们在供热管道的上方，应注明其底部标高)。

由于管道纵断面图没能反映出管线的平面变化情况，所以需将管线展开图与纵断面图共同绘制在同一图纸上，这样纵断面图就更完整、全面了。供热管道纵断面图中，纵坐标与横坐标的比例尺并不相同，通常横坐标采用 1∶500 或 1∶100 的比例尺，纵坐标采用1∶50、1∶100、1∶200 的比例尺。

4. 集中供热管网施工图识读案例

设计与施工说明

本设计为某小区低温热水供暖热网设计，供暖设计供、回水温度为 60 ℃/50 ℃，满足小区室内地热供暖设计要求，敷设管网最大管径为 DN200，最小管径为 DN125，部分管道在地下车库棚下敷设，其余全部采用直埋敷设，小区内供热管网结合小区建筑物室内采暖分区情况敷设，其施工技术要求要符合《城镇供热管网工程施工及验收规范》(CJJ 28—2021)和《城镇供热直埋热水管道技术规程》(CJJ/T 81—2013)有关规定。

一、直埋保温管

直埋保温管采用“黑夹克”聚氨酯泡沫塑料保温管，具体规格如表 1.3 所示。

表 1.3　直埋保温管具体规格　　单位：mm

内钢管规格	塑料外套管规格	保温层厚度
219×6	300×3.5	37
159×5	240×3.5	37
133×5	215×3.5	37.5

当内钢管外径为 219 mm 时，采用双面焊螺旋缝埋弧焊钢管，钢号 Q235B，其质量符合行业标准《城镇供热用螺旋缝埋弧焊钢管》(CJ/T 3022—1993)的规定；当外径≤159 mm 时，采用无缝钢管，钢号 20，其质量符合国家标准《输送流体用无缝钢管》(GB/T 8163—2018)的规定。

二、直埋保温弯头

直埋保温弯头采用预制保温弯头，不准在管沟内发泡制作。弯头采用压制钢弯头，钢号与直管相同，压力级别为 PN1.6 MPa，弯曲半径 $R=1.5$ DN。保温弯头的保温层厚度和塑料外套管规格与直管相同。

三、变径管

管线上的变径管采用挤制变径管，钢号与直管相同，压力级别为 PN1.6 MPa。不得采用收口或抽条办法制作变径管。

四、管沟开挖与回填

管沟深度按控制保温管最小埋深确定。保温管管顶埋深最小为 0.8 m。沟底填 200 mm厚的砂垫层，回填土中不得有砖头、石块，并要分层回填、分层夯实，特别是在固定墩和检查井周围要注意夯实。

五、管线安装

管网的施工程序建议先敷设管线，后修建检查井，然后再安装井内阀门和附件。管线按不小于千分之二的坡度敷设。

在保温管管口焊接前，必须清除管内的砂土、铁锈和污物。在管线安装间断期内，敞开的管口，要临时点焊盲板，防止砂土和污物进入管内。

六、管道开孔及焊接

管道分支开孔的具体处理方法见施工方法通用图。

直埋管道采用氩弧焊打底的焊接方法。焊缝质量要符合《现场设备、工业管道焊接工程施工规范》(GB 50236—2011)的规定。

七、管网水压试验和冲洗

管网水压试验分为强度性试压和严密性试压。

强度性试压是在管道阀门及附件没有安装以前，按安装区段进行的水压试验，试压合格后进行保温管“补口”，然后回填土。强度性试压的试验压力为 1.2 MPa。

严密性试压是在管线、阀门、管路附件安装完毕和固定点固定牢后进行的水压试验，试验压力为 1.0 MPa。严密性试压按单根管进行，不得两根管同时进行试压。

水压试验完毕后，紧接着进行管线冲洗，用压力水流将管内污物冲洗干净。

八、横穿过路管道

为防止检修更换管道破坏小区路面，建议横穿路面下的管道应设套管。

九、检查室(井)管道及阀门

检查室(井)内管道及阀门均应保温。保温材料采用 30 mm 厚的海藻石，外涂红调和漆两遍，阀门保温后须在保温层外标明介质流向、压力及管径。

检查室土建施工详见土建施工说明和土建通用图。

以上未尽事项，均执行《城镇供热管网工程施工及验收规范》和《城镇供热直埋热水管道技术规程》的有关规定。

图 1.9 所示为集中供热管网中一段管道的平面布置图，制图比例为 1∶500。

图 1.10 所示为供热管道纵断面图，该图中横坐标(管线沿线高度尺寸坐标)的制图比例为 1∶500；纵坐标(管道标高数值坐标)的制图比例为 1∶100。供热管道纵断面图上，单位为 m，取至小数点后一位数；高程单位为 m，取至小数点后两位数；坡度以千或万分之有效数字表示。

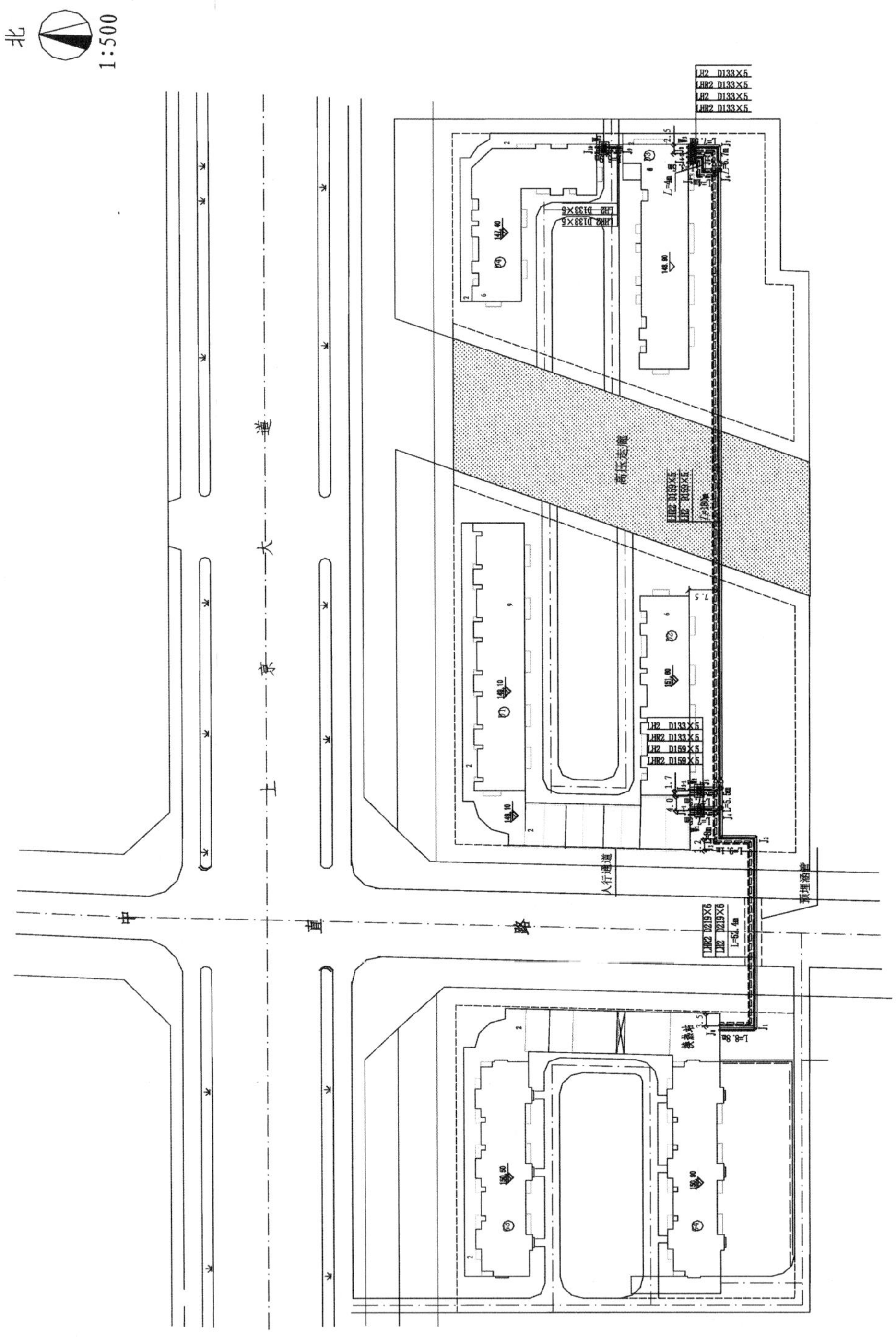

图1-9 集中供热管网中一段管道的平面布置图（1:500）

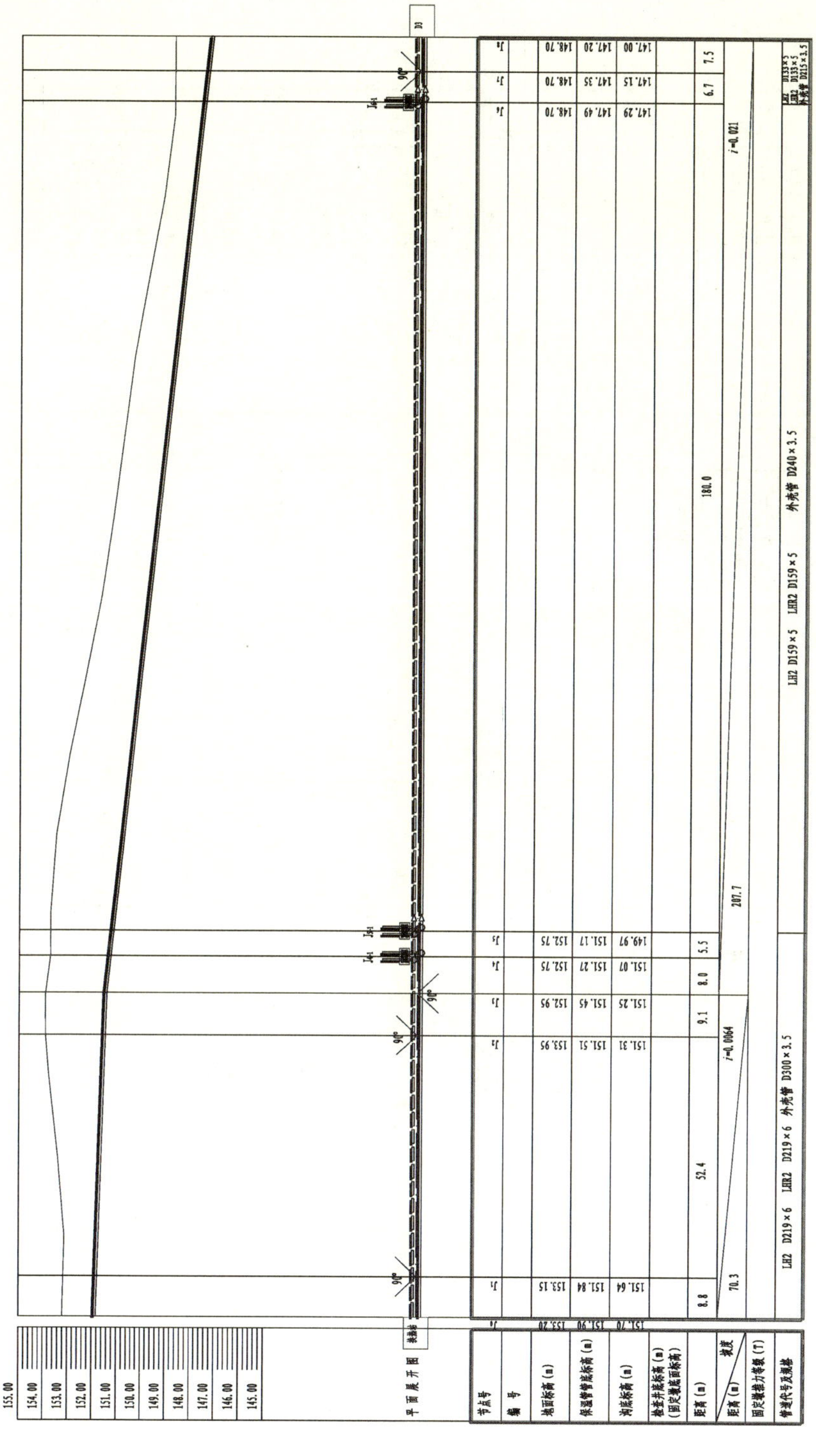

图1-10　供热管道纵断面图

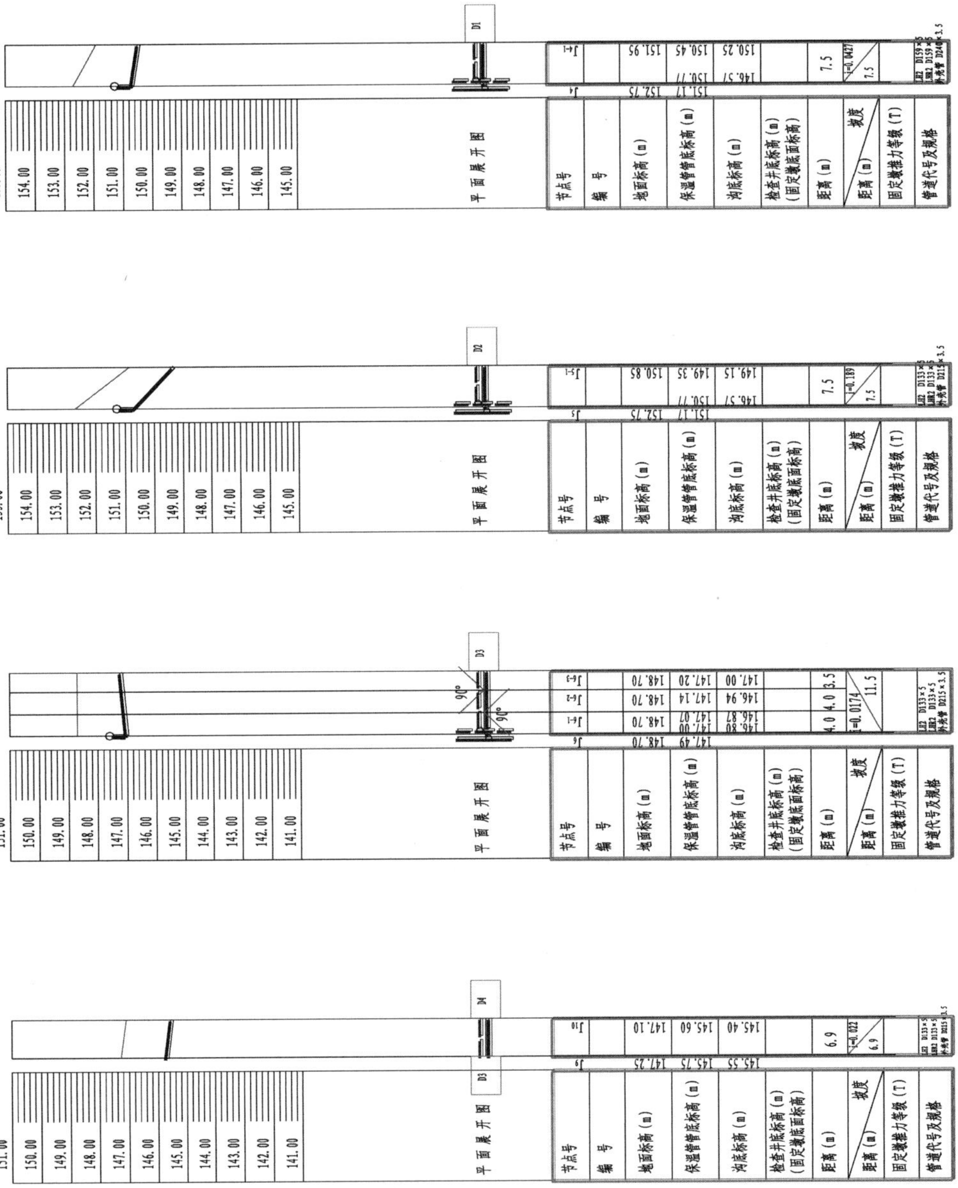
D1
D2
D3
D4
平面展开图
节点号
编号
地面标高(m)
保温管管底标高(m)
沟底标高(m)
检查井底标高(m)
(固定墩底面标高)
距离(m)
坡度
距离(m)
固定墩推力等级(T)
管道代号及规格

续图1-10

1.4 识读集中供热系统热力站施工图

热力站施工图包括设计及施工说明、图例、热力站系统流程图、热力站设备平面布置图、热力站管道平面布置图、局部详图等。根据热力站系统流程图能够识读出热力站系统所涉及的全部设备、管道、阀门、其他附件以及管道的走向，同时可以识读出管道的管径。根据热力站设备平面布置图能够识读出设备、附件的外形及尺寸，设备、附件的安装定位尺寸。根据热力站管道平面布置图可以识读出管道的走向及连接。

1. 某热力站系统流程图识读

某热力站设备明细表、图例、系统流程图如图 1.11～1.13 所示。

序号	名称	规格及型号	单位	数量	备注
1	双背包式换热机组	北区原有蒸汽一水换热机组	台	2	
2	补水泵	(参考)Q=7.5 m³/h，H=40 mH_2O，t≥80 ℃	台	2	一用一备
3	旋流除污器	DN250，PN1.6 MPa	台	1	
4	补水箱	2 500 mm×2 000 mm×2 000 mm，V=10 m³/h	台	1	
5	全自动软水器	Q=10 m³/h	台	1	

图 1.11 某热力站设备明细表

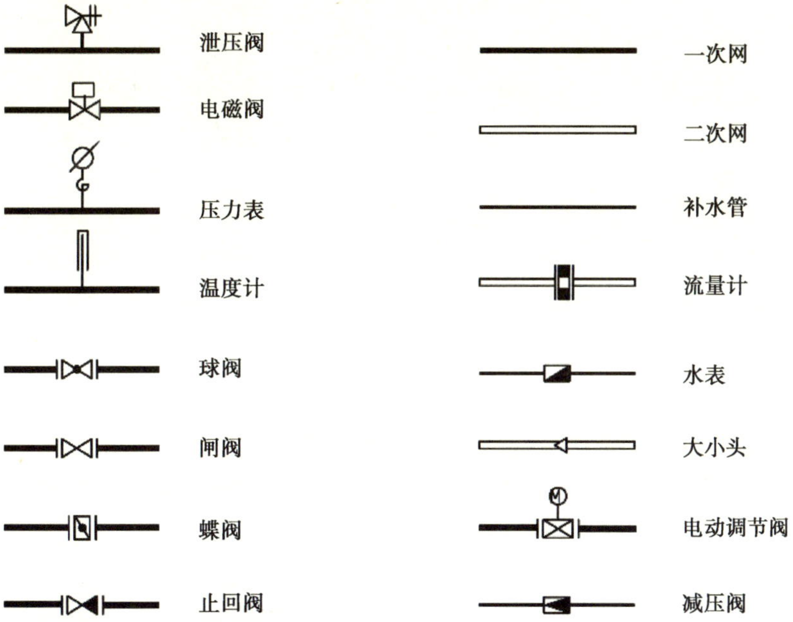

图 1.12 某热力站图例

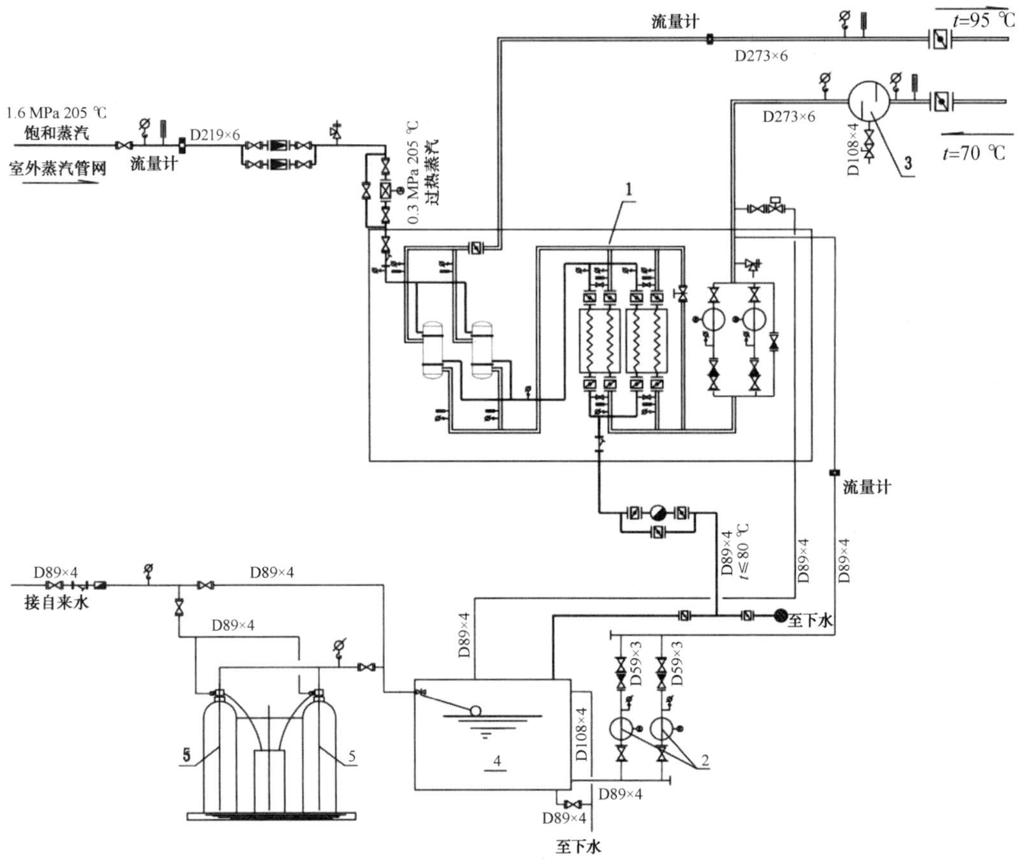

图 1.13　某热力站系统流程图

图 1.13 所示为某热力站系统流程图。根据图 1.11 可以识读出其中的各设备，根据图 1.12 可以识读出各阀门、管道及附件。该热力站采用双背包式换热机组，共两台。与此对应采用两台补水泵、两台循环水泵。从系统流程图中可以识读出整个热力站系统的工作过程：市政供水首先进入全自动软水器 5，软化后的水进入补水箱 4，通过补水泵 2 注入系统；热源提供的水蒸气经室外供热管网进入背包式换热机组，在机组内与二次网回水进行换热，换热后的水蒸气温度降低，变为凝结水流入补水箱；二次网回水通过换热获得热量，变为二次网供水供给热用户，如此循环不断，为用户提供热量。

2. 某热力站设备平面布置图及管道平面布置图识读

图 1.14 和图 1.15 所示为某热力站设备平面布置图及管道平面布置图。

通过图 1.14 可以识读出双背包式换热机组、补水泵、补水箱、全自动软水器、旋流除污器的位置，一般设备的定位尺寸以建筑轴中心、内墙面为定位基准，设备定位尺寸在纵、横两个方向都可以读出，设备的安装位置应保证足够的维修空间。

通过图 1.15 可以识读出各设备、阀门以及附件之间的管道连接及管道在空间位置的走向。管道的布置应美观流畅，尽量集中安装，以节省支吊架。热力站管道平面布置图与热力站系统流程图相对应，设备代号、管径保持一致。

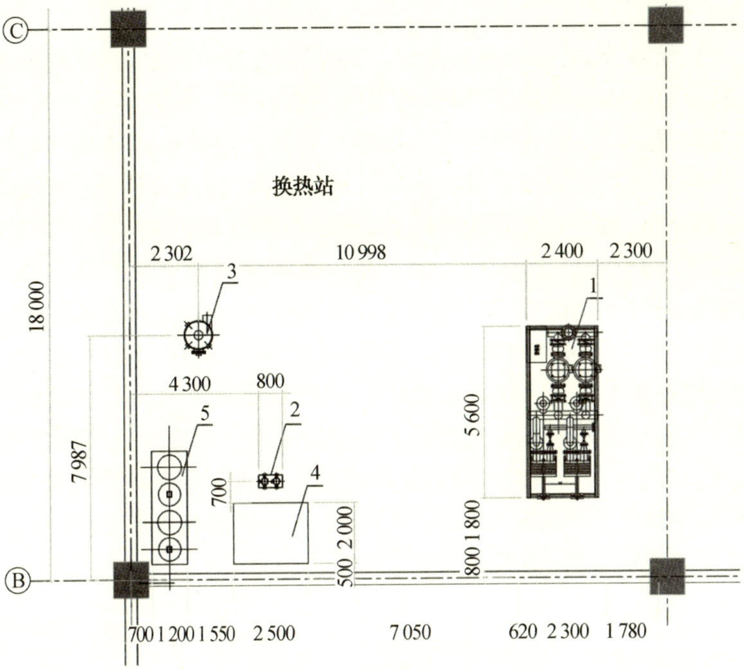

图 1.14 某热力站设备平面布置图

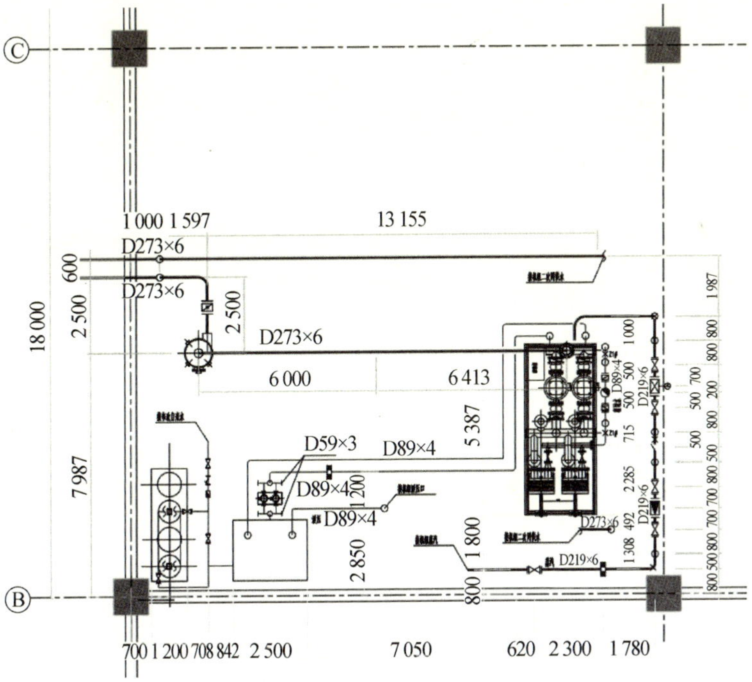

图 1.15 某热力站管道平面布置图

思政案例

北方某山区冬季气候寒冷，居民普遍采用分散的小型燃煤炉取暖，家家户户都有煤堆，一到冬天，烟雾缭绕，街道上也经常黑乎乎的，而且时不时就有一氧化碳中毒事件发生。这种供暖方式不仅效果差，污染环境，还存在安全隐患。当地政府决心改善居民取暖条件，建设集中热水供热系统为居民提供供暖服务。在项目设计阶段，设计人员进行充分调研，充分考虑山区地形、建筑物分布、地下其他管线等因素，确定合理设计方案。每一段管道都明确标注了标高、坡度，误差控制在极小范围内。为了减少热量损失和避免管道腐蚀，图纸中对管道的保温层和防腐层进行了详细设计。整个设计在确保图纸的准确性和规范性前提下，充分考虑到设计的安全性、可靠性和经济性。

这一案例不仅展现出集中供热系统在改善民生和提升居民生活质量方面的突出作用，同时还体现出工程技术对社会发展的重要作用。同学们应该认识到专业图纸的准确性是工程顺利实施的基础，这就像人生道路的规划需要精准定位。在工程设计中要建立科学思维，进行科学规划，严格遵守设计规范，恪守严谨工作作风，同时要具备大胆创新，勇于探索的精神，积极解决工作过程遇到的难题，为社会发展贡献技术力量。

模块2　集中热水供热系统的水力工况

2.1　集中供热系统的热负荷及年耗热量计算

集中供热系统的热用户包括供暖、通风、热水供应、空气调节、生产工艺等各种用热系统。这些用热系统热负荷的性质及数值大小是供热规划和设计的重要依据，因此，必须正确、合理地确定供热系统的热负荷。

用热系统的热负荷按性质可分为季节性热负荷和常年性热负荷两大类。

季节性热负荷包括供暖、通风、空气调节等系统的热负荷。它们共同的特点是均与室外空气温度、湿度、风向、风速和太阳辐射强度等气候条件密切相关，其中对它的大小起决定性作用的是室外空气温度。由于气象条件在全年中变化很大，故季节性热负荷在全年中也有很大变化。

常年性热负荷包括生活用热（主要指热水供应）和生产工艺等系统的热负荷。这类热负荷的特点是与气候条件关系不大，因而在全年中变化幅度比较小，用热比较稳定。但常年性热负荷的用热状况随生产工艺、生产班制、生活用热人数的不同以及用热时间的相对集中，而在一天中将产生较大的波动。因此，在确定热负荷时，必须详细了解和认真分析不同用户的用热情况，以便更好地为集中供热系统的设计提供准确可靠的热负荷数据。

对于既有建筑物，或已有热负荷数据的拟建房屋，可以对需要供热的建筑物进行热负荷调查，用统计的方法确定系统的热负荷。根据调查统计资料确定总热负荷时，应考虑管网热损失，附加5%的安全余量。

对集中供热系统进行规划或初步设计时，往往尚未进行各类建筑物的具体设计工作，不可能提供较准确的建筑物热负荷的资料。因此，通常采用概算指标法来确定各类热用户的热负荷。

1. 供暖热负荷

供暖热负荷的概算可采用体积热指标法或面积热指标法来进行。通常，工业建筑多采用体积热指标法来确定热负荷，民用建筑多采用面积热指标法来确定热负荷。

(1)体积热指标法。

根据体积热指标法，建筑物的供暖热负荷按下式进行概算。

$$Q_n = q_V V_w (t_n - t_{wn}) \times 10^{-3} \tag{2.1}$$

式中　Q_n——建筑物的供暖热负荷，kW；

q_V——建筑物的供暖体积热指标，W/(m^3·℃)，表示各类建筑物在室内外温差为1 ℃时，每1 m^3 建筑物外围体积的供暖热负荷；

V_w——建筑物的外围体积，m^3；

t_n——供暖室内计算温度，℃；

t_{wn}——供暖室外计算温度，℃。

供暖体积热指标 q_V 的大小主要取决于建筑物的围护结构和外形尺寸。建筑物围护结构传热系数越大、采光率越大、外部建筑体积越小或建筑物的长宽比越大，则 q_V 值也越大。因此，从建筑物的围护结构及外形方面考虑降低 q_V 值的各种措施是建筑节能的主要途径，也是降低集中供热系统热负荷的主要途径。

对于各类建筑物的供暖体积热指标 q_V 值，可通过对许多建筑物进行理论计算或对许多实物数据进行统计归纳整理得出，可参见有关设计手册或当地设计单位历年积累的数据。

(2)面积热指标法。

根据面积热指标法，建筑物的供暖热负荷按下式进行概算。

$$Q_n = q_F F \times 10^{-3} \tag{2.2}$$

式中 Q_n——建筑物的供暖热负荷，kW；

q_F——建筑物的供暖面积热指标，W/m^2，表示 1 m^2 建筑面积的供暖热负荷；

F——建筑物的建筑面积，m^2。

各类建筑物供暖面积热指标的推荐值如表 2.1 所示。

表 2.1 各类建筑物供暖面积热指标的推荐值

建筑物类型	供暖面积热指标 $q_F/(W \cdot m^{-2})$	
	未采取节能措施	采取节能措施
住宅	58～64	40～45
居住区综合	60～67	45～55
学校、办公	60～80	50～70
医院、托幼	65～80	50～70
旅馆	60～70	50～60
商店	65～80	55～70
食堂、餐厅	115～140	100～130
影剧院、展览馆	95～115	80～105
大礼堂、体育馆	115～165	100～150

注：1. 表中数值适用于我国东北、华北、西北地区；

2. 热指标中已包括约 5%的管网热损失。

选择面积热指标时，总建筑面积大，围护结构热工性能好，窗户面积小时，采用较小值；总建筑面积小，围护结构热工性能差，窗户面积大时，采用较大值。此处提供热指标的依据为我国“三北”地区的实测资料；南方地区应根据当地的气象条件及相同类型建筑物的热指标资料确定。现有面积热指标是针对北方大多数地区，在分析体形系数、建筑面积对单层建筑供暖面积热指标的影响，并进行实例计算后得出的，一般仅适用于 80 m^2 以上的单层建筑；在估算小面积的单层建筑热负荷时，应考虑建筑物体形系数、建筑面积等因素的影响。

需要强调的是，采用热指标计算房间的热负荷，只能适应一般的概略计算；对于一些工程设计或一些特殊建筑物，均应按照规范规定的计算方法进行仔细计算，以求计算得更正确、可靠。建筑物的供暖热负荷与通过垂直围护结构(墙、门、窗等)向外传递热量的程度有较大的关系,因而用体积热指标表征建筑物供暖热负荷的大小,物理概念清楚;但采用面积热指标法比体积热指标法更易于概算,并且,对集中供暖系统的初步设计或规划设来讲已足够准确,所以,在城市集中供热系统规划设计中,面积热指标法应用得较多。

2. 通风热负荷

通风或空气调节是为了满足室内空气的清洁度和温湿度等要求,而对生产厂房、公共建筑以及居住建筑进行的空气处理过程。在供暖季节里,加热从室外进入的新鲜空气所消耗的热量称为通风热负荷。它是一种季节性热负荷,由于各班次工作状况不同,因此一般公共建筑和工业厂房的通风热负荷在一昼夜波动也较大。

建筑物的通风热负荷可采用体积热指标法或百分数法进行概算。

(1)体积热指标法。

$$Q_{tk}=q_t V_w (t_n-t_{wt})\times 10^{-3} \tag{2.2}$$

式中 Q_{tk}——建筑物的通风热负荷,kW;

q_t——通风体积热指标,W/(m³·℃),表示建筑物在室内外温差为 1 ℃时,每 1 m³ 建筑物外围体积的通风热负荷;

V_w——建筑物的外围体积,m³;

t_n——供暖室内计算温度,℃;

t_{wt}——通风室外计算温度,℃。

通风体积热指标 q_t 的值取决于建筑物的性质和外围体积。对于工业厂房,可参考有关设计手册选用。对于一般的民用建筑,室外空气无组织地从门窗等缝隙进入,预热这些空气到室温所需的渗透和侵入耗热量,已计入供暖设计热负荷中,不必另行计算。

(2)百分数法。

民用建筑有通风空调热负荷时,可按该建筑物的供暖设计热负荷的百分数进行概算。

$$Q_{tk}=K_t Q_n \tag{2.4}$$

式中 Q_{tk}——通风空调加热新风的热负荷,kW;

K_t——建筑物通风空调热负荷系数,一般取 0.3～0.5。

3. 生活热负荷

生活热负荷可以分为热水供应热负荷和其他生活用热热负荷。

热水供应热负荷是指日常生活中用于盥洗、淋浴以及洗刷器皿等所消耗的热量。热水供应热负荷取决于热水用量,它的大小与人们的生活水平、生活习惯和生产的发展状况以及设备情况紧密相关,计算方法详见《给水排水设计手册》。对于一般居住区,也可按下式计算。

(1)居住区供暖期生活热水平均热负荷。

$$Q_{sp}=q_s F\times 10^{-3} \tag{2.5}$$

式中 Q_{sp}——居住区供暖期生活热水平均热负荷,kW;

q_s——居住区供暖期生活热水热指标,W/m²,当无实际统计资料时按表 2.2 取用;

F——居住区的总建筑面积,m²。

(2)生活热水最大热负荷。

$$Q_{s,max}=KQ_{sp} \tag{2.6}$$

式中 $Q_{s,max}$——生活热水最大热负荷,kW;

K——小时变化系数,一般可取2～3;

Q_{sp}——生活热水平均热负荷,kW。

表2.2 居住区供暖期生活热水热指标

用水设备情况	热指标/(W·m^{-2})
住宅无生活热水设备,只对公共建筑供热水时	2～3
全部住宅有浴盆并供给生活热水时	5～15

注:(1)冷水温度较高时采用较小值,冷水温度较低时采用较大值;

(2)包括10%热损失。

在计算管网热负荷时,其中生活热水热负荷按下列规定取用。支线用户全部有储水箱时,采用供暖期生活热水平均热负荷;当用户无储水箱时,采用供暖期生活热水最大热负荷。

其他生活用热热负荷是指在工厂、医院、学校等地方,除热水供应以外,还可能有开水供应、蒸汽蒸饭等用热。这些用热热负荷的概算,可根据具体的指标(如开水加热人均饮水标准、蒸饭锅的蒸汽消耗量等)来参照确定。

4.生产工艺热负荷

生产工艺热负荷是指为了满足生产过程中用于加热、烘干、蒸煮、清洗、熔化等过程的用热,或作为动力用于驱动机械设备(如汽锤、汽泵等)工作的耗汽。生产工艺热负荷的大小以及所需要的热媒种类和参数,主要取决于生产工艺过程的性质、用热设备的型式以及工厂的工作制度等因素,它和生活用热热负荷一样,属于全年性热负荷。

对于生产工艺热用户或用热设备较多、不同工艺过程要求的热媒参数不一、工作制度也各不相同的情况,生产工艺热负荷很难用固定的公式来表述。因此,在计算确定集中供热系统的热负荷时,应充分利用生产工艺系统提供的设计依据,大量参考类似企业的热负荷情况,采用经生产工艺热用户核实的最大热负荷之和乘同时使用系数(同时使用系数是指实际运行的用热设备的最大热负荷之和与全部用热设备的最大热负荷之和的比值,一般可取0.6～0.9),最后确定较符合实际情况的热负荷。

5.集中供热系统的年耗热量

集中供热系统的年耗热量是指各类热用户年耗热量的总和。各类热用户的年耗热量的计算方法如下。

(1)供暖年耗热量。

$$Q_{n,a}=0.086\,4Q_nN(t_n-t_{pj})/(t_n-t_{wn}) \tag{2.7}$$

式中 $Q_{n,a}$——供暖年耗热量,GJ/a;

0.086 4——公式化简和单位换算后的数值,(0.086 4=24×3 600×10^{-6});

Q_n——供暖设计热负荷,kW;

N——供暖期天数,d;

t_n——供暖室内计算温度,℃;

t_{pj}——供暖期室外平均温度,℃;

t_{wn}——供暖室外计算温度,℃。

(2)通风年耗热量。

通风年耗热量可近似按下式计算。

$$Q_{t,a}=0.003\,6ZQ_tN(t_n-t_{pj})/(t_n-t_{wt}) \tag{2.8}$$

式中 $Q_{t,a}$——供暖年耗热量,GJ/a;

0.003 6——单位换算系数($1\ kW \cdot h=3\,600\times10^{-6}\ GJ$);

Z——供暖期内通风装置每日平均运行小时数,h/d;

Q_t——通风设计热负荷,kW;

t_{wt}——冬季通风室外计算温度,℃。

(3)热水供应年耗热量。

$$Q_{r,a}=30.24Q_{r,p} \tag{2.9}$$

式中 $Q_{r,a}$——供暖期生活热水供应年耗热量,GJ/a;

$Q_{r,p}$——供暖期生活热水供应的平均热负荷,kW。

(4)生产工艺年耗热量。

生产工艺年耗热量可按下式计算。

$$Q_{s,a}=\sum Q_iT_i \tag{2.10}$$

式中 $Q_{s,a}$——生产工艺年耗热量,GJ/a;

Q_i——一年12个月第 i 个月的日平均耗热量,GJ/d;

T_i——一年12个月第 i 个月的天数。

2.2 集中供热系统的水力计算

1. 集中供热系统水力计算的任务

室外热水供热管网水力计算的任务主要有:已知热媒流量和压力损失,确定管道直径;已知热媒流量和管道直径,计算管道的压力损失,进而确定网路循环水泵的流量和扬程;已知管道直径和允许的压力损失,校核计算管道中的流量。

2. 室外热水供热管网水力计算的原理及方法

室外热水供热管网水力计算的基本原理与室内热水供暖系统的水力计算原理完全相同。

(1)沿程压力损失的计算。

因为室外管网流量较大,所以计算每米长沿程压力损失(比摩阻)的公式中流量用t/h作单位,即

$$R=6.25\times10^{-2}\frac{\lambda G^2}{\rho d^5} \tag{2.11}$$

式中 R——每米管长的沿程压力损失,Pa/m;

G——管段的热媒流量,t/h;

λ—— 沿程阻力系数；

ρ—— 热媒密度，kg/m^3；

d—— 管道内径，m。

通常室外管网内水的流速大于 0.5 m/s，水的流动状态多处于紊流粗糙区，又称阻力平方区，沿程阻力系数 λ 如下。

$$\lambda = 0.11\left(\frac{K}{d}\right)^{0.25}$$

式中　K—— 管道内壁面的绝对粗糙度，室外热水网路中取 $K = 0.5 \times 10^{-3}$ m。

将沿程阻力系数 $\lambda = 0.11\left(\frac{K}{d}\right)^{0.25}$ 代入式(2.11)中，得

$$R = 6.88 \times 10^{-3} K^{0.25} \frac{G^2}{\rho d^{5.25}} \tag{2.12}$$

为简化计算，根据式(2.12)中各变量之间的关系编制室外热水网路水力计算表，如附录 1 所示。

如果管道的实际绝对粗糙度与制表的绝对粗糙度不符，则应对比摩阻进行修正。

$$R_{sh} = \left(\frac{K_{sh}}{K_b}\right)^{0.25} R_b = mR_b \tag{2.13}$$

式中　R_{sh}、K_{sh}—— 热媒的实际比摩阻和管道的实际绝对粗糙度；

R_b、K_b—— 附录 1 中的比摩阻和规定的管道绝对粗糙度；

m—— 绝对粗糙度的修正系数，如表 2.3 所示。

表 2.3　K 值修正系数 m 和 β 值

K/mm	0.1	0.2	0.5	1.0
m	0.669	0.795	1.0	1.189
β	1.495	1.26	1.0	0.84

如果流体的实际密度与附录 1 的密度不同，但质量流量相同，则应对流速、比摩阻和管径进行修正

$$v_{sh} = \left(\frac{\rho_b}{\rho_{sh}}\right) v_b \tag{2.14}$$

$$R_{sh} = \left(\frac{\rho_b}{\rho_{sh}}\right) R_b \tag{2.15}$$

$$d_{sh} = \left(\frac{\rho_b}{\rho_{sh}}\right)^{0.19} d_b \tag{2.16}$$

式中　ρ_b、v_b、R_b、d_b—— 附录 1 查得的密度、流速、比摩阻和管径；

ρ_{sh}、v_{sh}、R_{sh}、d_{sh}—— 热媒的实际密度和实际密度下的流速、比摩阻、管径。

在热水网路的水力计算中，由于水的密度随温度变化很小，一般可以不考虑不同密度下的修正计算。但在蒸汽管网和余压凝水管网中，流体沿管道输送过程中密度变化很大，需按上述公式进行不同密度下的修正计算。

(2) 局部压力损失的计算。

在室外管网的水力计算中，经常采用当量长度法进行管网局部压力损失的计算，即将管

段的局部损失折合成相当的沿程损失。

局部阻力的当量长度 $L_d=\sum\xi\frac{d}{\lambda}$，将 $\lambda=0.11\left(\frac{K}{d}\right)^{0.25}$ 代入得

$$L_d=9.1\sum\xi\left(\frac{d^{1.25}}{K^{0.25}}\right) \tag{2.17}$$

式中　L_d—— 管段的局部阻力当量长度，m；

$\sum\xi$—— 管段的总局部阻力系数。

附录 2 为 $K=0.5$ mm 条件下，一些局部阻力系数和当量长度值。如果使用条件下的绝对粗糙度与制表的绝对粗糙度不符，应对当量长度 L_d 进行修正，即

$$L_{dsh}=\left(\frac{K_b}{K_{sh}}\right)^{0.25}L_{db}=\beta L_{db} \tag{2.18}$$

式中　L_{dsh}—— 实际粗糙度条件下的当量长度；

K_b、L_{db}—— 制表的绝对粗糙度及表中查得的当量长度；

K_{sh}—— 管网的实际绝对粗糙度；

β—— 绝对粗糙度的修正系数，如表 2.3 所示。

室外管网的总压力损失

$$\Delta p=\sum R(L+L_d)=\sum RL_{zh} \tag{2.19}$$

式中　L_{zh}—— 管段的折算长度，m。

进行压力损失的估算时，局部阻力的当量长度 L_d 可按管道实际长度 L 的百分数估算，即

$$L_d=\alpha_j L \tag{2.20}$$

式中　α_j—— 局部阻力当量长度百分数，%，见附录 3，热网管道局部损失与沿程损失的估算比值；

L—— 管段的实际长度，m。

3. 计算示例

已知条件：某厂区闭式双管热水供热系统管网平面布置图如图 2.1 所示，管网中各管段长度、阀门的位置、方形补偿器的个数及各个热用户的热负荷(kW)已标注在该图中。管网设计供水温度 $t'_g=130$ ℃，回水温度 $t'_h=70$ ℃，各热用户内部已确定压力损失均为 50 kPa。试进行该厂区闭式双管热水供热系统管网的水力计算。

解　计算步骤如下。

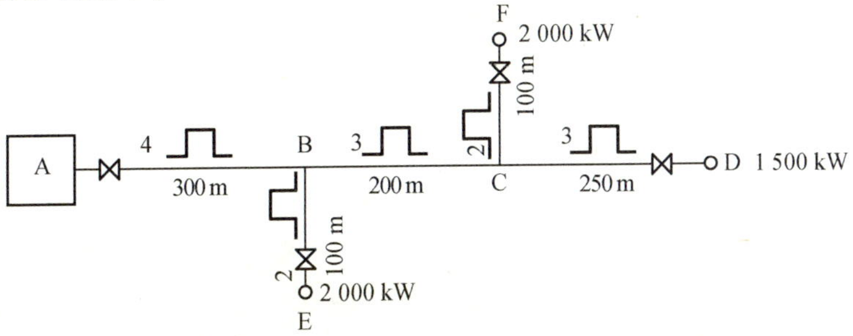

图 2.1　某厂区闭式双管热水供热系统管网平面布置图

(1) 确定各段流量。

进行外网水力计算时,各管段的计算流量应根据管段所担负的各热用户的计算流量确定。如果热用户只有热水供暖用户,则流量可按下式确定。

$$G = \frac{3\ 600Q}{4.187 \times 10^3 \times (t'_g - t'_h)} = \frac{0.86Q}{(t'_g - t'_h)} \tag{2.21}$$

式中 G—— 各管段流量,t/h;

Q—— 各管段的热负荷,kW;

t'_g、t'_h—— 外网的供、回水温度,℃。

热用户 D 流量:

$$G_D = \frac{0.86Q}{(t'_g - t'_h)} = \frac{0.86 \times 1\ 500}{130 - 70} = 21.5\ (t/h)$$

热用户 E、F 流量计算方法同上,$G_E = G_F = 28.67$ t/h,各管段计算流量如表 2.4 所示。

表 2.4 室外热水管网水力计算表

管段编号	热负荷 Q/kW	流量 G /$(t \cdot h^{-1})$	管段长度 L/m	管径 DN /mm	流速 v /$(m \cdot s^{-1})$	比摩阻 R /$(Pa \cdot m^{-1})$	局部阻力当量长度 L_d/m	折算长度 L_{zh}/m	压力损失 $p = RL_{zh}$/Pa
1	2	3	4	5	6	7	8	9	10
主干线 A—D									
A－B	5 500	78.84	300	200	0.68	26.29	96.96	396.96	10 436.08
B－C	3 500	50.17	200	150	0.82	58.21	52.36	252.36	14 689.88
C－D	1 500	21.5	250	100	0.79	91.65	35.33	285.33	26 150.49
Δp_{AD} = 51 276.45 Pa									
支线 B－E 资用压力 Δp_{BE} = 40 840.37 Pa									
B－E	2 000	28.67	100	100	1.06	162.77	26.2	126.2	20 541.57
支线 C－F 资用压力 Δp_{CF} = 26 150.49 Pa									
C－F	2 000	28.67	100	100	1.06	162.77	26.2	126.2	20 541.57

(2) 主干线的水力计算。

① 确定热水网路的主干线及其平均比摩阻。热水网路的水力计算应从主干线开始,主干线是允许平均比摩阻最小的一条管线。一般情况下,热水网路各热用户要求预留的作用压力基本相等,所以热源到最远热用户的管线是主干线。本设计中,各热用户内部压力损失均为 50 kPa,所以从热源 A 到最远热用户 D 的管线是主干线。

主干线的比摩阻宜采用经济平均比摩阻 R_{pj},即在规定的计算年限内总费用最小的平均比摩阻。经济平均比摩阻 R_{pj} 是综合考虑管网和热力站的投资与运行耗电及热损失费用等得出的最佳管径下的设计平均比摩阻值,《城镇供热管网设计标准》(CJJ/T 34—2022) 规定:热水网路主干线的设计平均比摩阻可取 30 ～ 70 Pa/m。

② 根据主干线各管段流量和平均比摩阻,查附录 1,确定各管段管径和实际比摩阻。

例如，管段 A—B，热负荷 $Q=2\ 000+2\ 000+1\ 500=5\ 500$ (kW)，流量 $G_{AB}=\frac{0.86\times 5\ 500}{130-70}=78.84$ (t/h)，再根据推荐平均比摩阻 30 ～ 70 Pa/m，查表确定：DN＝200 mm，$R=26.29$ Pa/m，$v=0.68$ m/s。

其他各管段的计算结果如表 2.4 所示。

③ 根据各管段的管径和局部构件的类型，查附录 2 确定各管段的局部阻力当量长度 L_d，计算各管段的折算长度 $L_{zh}=(L+L_d)$，确定各管段的总压降 $\Delta p=\sum RL_{zh}$。

例如，管段 A—B，DN＝200 mm，局部阻力当量长度 L_d：

闸阀　$3.36\times 1=3.36$ (m)

方形补偿器　$23.4\times 4=93.6$ (m)

局部阻力当量长度　$\sum L_d=96.96$ (m)

管段 A—B 的折算长度　$L_{zh}=(L+L_d)=396.96$ (m)

管段 A—B 的总压降　$\Delta p=\sum RL_{zh}=10\ 436.08$ (Pa)

管段 B—C，DN＝150 mm，局部阻力当量长度 L_d：

分流三通　$5.6\times 1=5.6$ (m)

异径接头　$0.56\times 1=0.56$ (m)

方形补偿器　$15.4\times 3=46.2$ (m)

局部阻力当量长度 $\sum L_d=52.36$ (m)

管段 C—D，DN＝100 mm，局部阻力当量长度 L_d：

分流三通　$3.3\times 1=3.3$ (m)

异径接头　$0.98\times 1=0.98$ (m)

方形补偿器　$9.8\times 3=29.4$ (m)

闸阀　$1.65\times 1=1.65$ (m)

局部阻力当量长度　$\sum L_d=35.33$ (m)

各管段的计算结果如表 2.4 所示。

④ 计算主干线的总压降。主干线 A—D 的总压降：

$$\Delta p_{AD}=\Delta p_{AB}+\Delta p_{BC}+\Delta p_{CD}=10\ 436.08+14\ 689.88+26\ 150.49=51\ 276.45(\text{Pa})$$

(3) 支线水力计算。

首先确定支线资用压力，根据资用压力计算其平均比摩阻，然后根据平均比摩阻查附录 1 确定管径、实际比摩阻和实际流速。

在支线水力计算中有两个控制指标，即热水流速 v 不应大于 3.5 m/s；支干线比摩阻 R 不应大于 300 Pa/m。连接一个热力站的支线比摩阻可大于 300 Pa/m。

例如，管段 B—E，根据节点压力平衡的原则，其资用压力为

$$\Delta p_{BE}=\Delta p_{BC}+\Delta p_{CD}=14\ 689.88+26\ 150.49=40\ 840.37\ (\text{Pa})$$

热水网路中局部损失与沿程损失的估算比值 α_j 可通过查附录 3 获取，带方形补偿器的输配管线，α_j 为 0.6，则管段 B—E 的平均比摩阻为

$$R_{pj}=\frac{\Delta p_{BE}}{L_{BE}(1+\alpha_j)}=\frac{40\ 840.37}{100(1+0.6)}=255.25(\text{Pa/m})$$

符合控制比摩阻 $R \leqslant 300$ Pa/m 的要求。

根据流量 $G_E = 28.67$ t/h，$R_{pj} = 255.25$ Pa/m，查附录 1 确定

$$DN_{BE} = 100\ \text{mm}, R = 162.77\ \text{Pa/m}, v = 1.06\ \text{m/s}$$

符合控制流速 $v \leqslant 3.5$ m/s 的要求。

管段 B—E 的局部阻力当量长度 L_d，DN＝100 mm，查表确定

分流三通　4.95×1＝4.95 (m)

闸阀　1.65×1＝1.65 (m)

方形补偿器　9.8×2＝19.6 (m)

局部阻力当量长度　$\sum L_d = 26.2$ (m)

管段 B—E 的折算长度　$L_{zh} = (L + L_d) = 26.2 + 100 = 126.2$ (m)

管段 B—E 的总压降　$\Delta p_{BE} = RL_{zh} = 20\ 541.57$ (Pa)

可用同样方法计算支线 C—F，计算结果如表 2.4 所示。

各热用户入口处剩余压力可安装调压板、调压阀门或流量调节器消除。

2.3 集中热水供热系统的水压图

1. 恒定流实际液体能量方程

恒定流实际液体总流的能量方程为

$$z_1 + \frac{p_1}{\gamma} + \alpha_1 \frac{v_1^{\ 2}}{2g} = z_2 + \frac{p_2}{\gamma} + \alpha_2 \frac{v_2^2}{2g} + h_{w1-2} \tag{2.22}$$

式中　z_1、z_2——渐变流断面 1、2 上的点相对于基准面的高度，m；

p_1、p_2——断面 1、2 对应点的压强，Pa，可同时用相对压强或绝对压强表示；

v_1、v_2——断面 1、2 的平均流速，m/s；

α_1、α_2——断面 1、2 的动能修正系数，常取 $\alpha_1 = \alpha_2 = 1.0$；

h_{w1-2}——断面 1、2 间的平均单位水头损失，mH_2O。

恒定流实际液体总流的能量方程，或称恒定总流伯努利方程，不仅在整个工程流体力学中具有理论指导意义，而且在工程实际中得到广泛的应用，因此十分重要。

2. 用几何图形表示能量方程

为了形象地反映总流中各种能量的变化规律，用几何图形来表示能量方程的方法，称为能量方程的几何图示，如图 2.2 所示。因为单位质量流体所具有的各种能量都具有长度的量纲，所以可先选定基准面，再用水头为纵坐标，按一定的比例尺沿流程把过流断面的 z、$\frac{p}{\gamma}$ 及 $\frac{v^2}{2g}$ 分别绘于图上。

z 值一般选取断面形心点来标绘，表示各断面中心到基准面的高度，其连线即管道的轴线。

$\frac{p}{\gamma}$ 选用形心点压强来标绘。把各断面 $z + \frac{p}{\gamma}$ 值的点连接起来可以得到一条测压管水头

线，测压管水头线反映总流各断面平均势能的变化情况。测压管水头线与位置水头线之间的距离反映了总流各断面平均压强的变化情况。

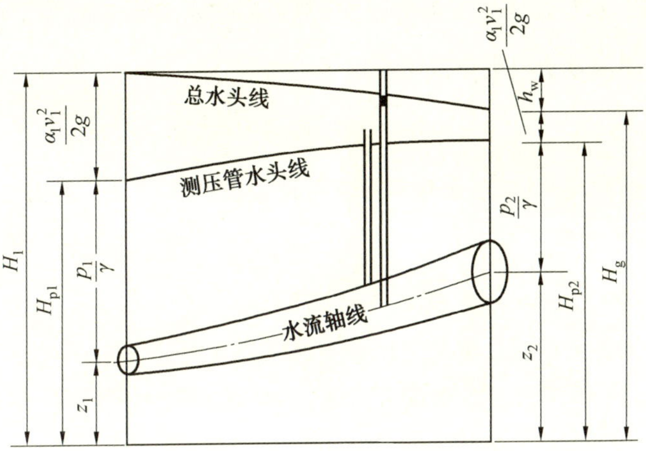

图 2.2　能量方程的几何图示

把各断面 $H=z+\frac{p}{\gamma}+\frac{v^2}{2g}$ 描出的点连接起来可以得到一条总水头线。总水头线反映了总流各断面平均总机械能的变化情况。

任意两断面之间总水头线高度的差值即两断面间的水头损失 h_w。

由于实际流体在流动中总能量沿程减小，所以实际流体的总水头线总是沿程下降。而测压管水头线沿程可能下降，也可能是一条水平直线，甚至是一条上升曲线，这取决于水头损失及流体的动能与势能间互相转化的情况。

3. 室外供热管网水压曲线（水头线）的作用

室外供热管网是包含多个热用户的复杂管路系统，各热用户之间既相互联系，又相互影响。管网上各点的压力分布是否合理直接影响系统的正常运行，水压图（水压曲线）可以清晰地表示管网和热用户各点的压力大小和分布状况，是分析研究管网压力状况的有力工具。

管网中任意一点的测压管水头高度 H_p，就是该点离基准面 0－0 的位置高度 Z 与该点的测压管水头高度 $\frac{p}{\rho g}$ 之和，即

$$H_p=Z-\frac{p}{\rho g}$$

连接任意两点 1、2 间各点的测压管水头高度可得到 1、2 断面的测压管水头线，将该测压管水头线称为 1、2 断面间的水压曲线。绘制热水网路水压图的实质就是将管路中各点的测压管水头顺次连接起来，得到热水网路的水压曲线。

通过分析热水网路的水压图可以得到下列信息。

（1）确定管网中任意一点的压强水头。管网中任意一点的压强水头应等于该点的测压管水头高度与该点位置高度之差，即

$$\frac{p}{\rho g}=H_p-Z \tag{2.23}$$

(2)表示各管段的水头损失。由于热水管路中各点的流速相差不大，式(2.22)中$\frac{v_1^2}{2g}$和$\frac{v_2^2}{2g}$的差值可以忽略不计，水在管道内流动时，任意两点间的水头损失就等于两点间的测压管水头之差，断面1、2间的水头损失可以表示成

$$h_{w1-2}=\left(Z_1-\frac{p_1}{\rho g}\right)-\left(Z_2-\frac{p_2}{\rho g}\right) \tag{2.24}$$

(3)根据水压曲线的坡度，可以确定计算管段单位长度的平均水头损失Δh_{wpj}，1、2两点间的平均水头损失为

$$\Delta h_{wpj}=\frac{h_{w1-2}}{L_{1-2}} \tag{2.25}$$

水压曲线越陡，计算管段单位长度的平均水头损失就越大。

(4)由于整个管网是一个相互连通的循环线路，因此已知管网中任意一点的水头，就可以确定其他各点的水头，即

$$Z_1+\frac{p_1}{\rho g}=Z_2+\frac{p_2}{\rho g}-h_{w1-2} \tag{2.26}$$

4. 室外热水网路的压力状况要求

在设计阶段绘制水压图，就是要分析管网中各点的压力分布是否合理，能否安全可靠地运行。利用水压图可以正确决定各热用户与热网的连接方式及自动调节措施，检查管网水力计算是否正确、选定的平均比摩阻是否合理。对于地形复杂的大型管网，通过水压图还可以分析是否需要设加压泵站，加压泵站的位置和数量。

绘制水压图时，室外热水网路的压力状况应满足以下基本要求。

(1)与室外热水网路直接连接的用户系统内，压力不允许超过该用户系统的承压能力。如果用户系统使用常用的柱型铸铁散热器，其承压能力一般为0.5 MPa(50 mH_2O)，在系统的管道、阀件和散热器中，底层散热器承受的压力最大，因此作用在该用户系统底层散热器上的压力，无论在管网运行还是停止运行时，都不允许超过底层散热器的承压能力，一般为0.5 MPa(50 mH_2O)。

(2)与室外热水网路直接连接的用户系统，应保证用户系统始终充满水，不出现倒空现象。无论网路运行还是停止运行时，用户系统回水管出口处的压力必须高于用户系统的充水高度，以免倒空吸入空气，破坏正常运行和空气腐蚀管道。

(3)室外高温水网路和高温水用户系统内，水温超过100 ℃的地方，热媒压力必须高于该温度下的汽化压力，而且还应留有30～50 kPa的富裕值。如果高温水用户系统内最高点的水不汽化，那么其他点的水就不会汽化，不同水温下的汽化压力如表2.5所示。

表2.5 不同水温下的汽化压力表

水温/℃	100	110	120	130	140	150
汽化压力/mH_2O	0	4.6	10.3	17.6	26.9	38.6

注：1 mH_2O=10 kPa。

(4)室外管网回水管内任何一点的压力都至少比大气压力高出5 mH_2O，以免吸入空气。

(5)在用户的引入口处，供、回水管之间应有足够的资用压力。各用户引入口的资用压力取决于用户与外网的连接方式，应在水力计算的基础上确定各用户所需的资用压力。用户引入口的资用压力与连接方式有关，以下数值可供选用参考：

①与网路直接连接的供暖系统，约为 10～20 kPa(1～2 mH_2O)；

②与网路直接连接的暖风机供暖系统或大型的散热器供暖系统，约为 20～50 kPa(2～5 mH_2O)；

③与网路采用水喷射器直接连接的供暖系统，约为 80～120 kPa(8～12 mH_2O)；

④与网路直接连接的热计量供暖系统约为 50 kPa(5 mH_2O)；

⑤与网路采用水－水换热器间接连接的用户系统，约为 30～80 kPa(3～8 mH_2O)。

⑥设置混合水泵的热力站，网路供、回水管的预留资用压差值应等于热力站后二级网路及用户系统的设计压力损失值之和。

5. 计算示例 1

已知条件：如图 2.3 所示，某室外高温水供热管网，供、回水温度为 130 ℃/70 ℃，用户Ⅰ、Ⅱ为高温水供暖热用户，用户Ⅲ、Ⅳ为低温水供暖热用户，各热用户均采用柱型铸铁散热器，供、回水干线通过水力计算可知压降均为 12 mH_2O。试绘制连接着四个热用户的高温水供热管网的水压图。

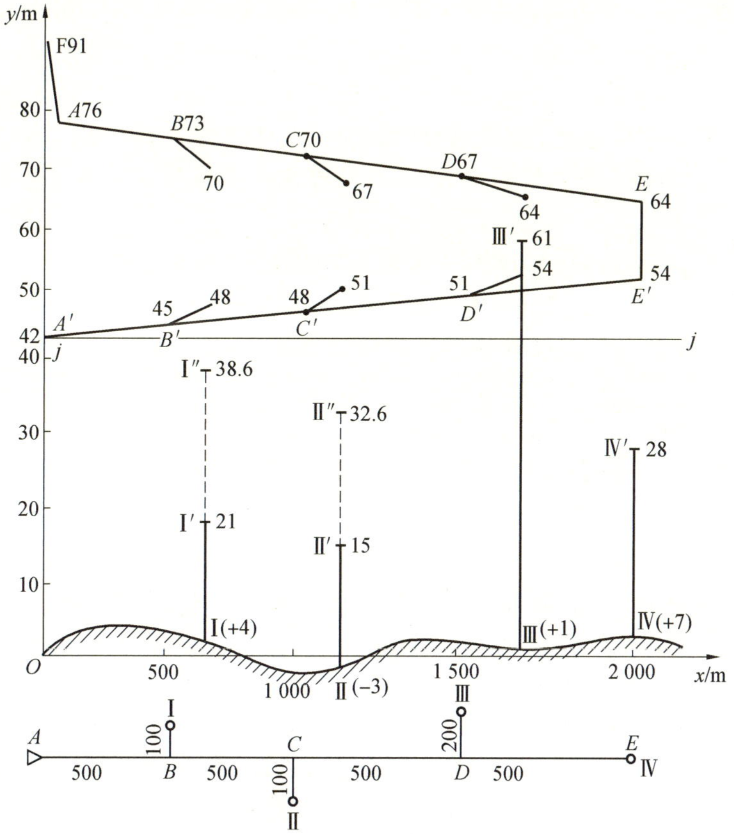

图 2.3 热水网路的水压图

解 绘制步骤如下。

(1)在图纸下部绘制出热水网路的平面布置图(可用单线展开图表示)。

(2)在平面布置图的上部以网路循环水泵中心线的高度(或其他方便的高度)为基准面,沿基准面在纵坐标上按一定的比例尺做出标高刻度,如图上的 y 轴;沿基准面在横坐标上按一定的比例尺做出距离的刻度,如图上的 x 轴。

(3)在横坐标上,找到网路上各点或各热用户距热源出口沿管线计算距离的点,在相应点沿纵坐标方向绘制出网路相对于基准面的标高,构成管线的地形纵剖面图,如图中带阴影的部分;还应注明建筑物的高度,如图中Ⅰ－Ⅰ′、Ⅱ－Ⅱ′、Ⅲ－Ⅲ′、Ⅳ－Ⅳ′;对高温水用户还应在建筑物高度顶部标出汽化压力折合的水柱高度,如虚线Ⅰ′－Ⅰ″、Ⅱ′－Ⅱ″。

(4)绘制静水压曲线。

静水压曲线是网路循环水泵停止工作时,网路上各点测压管水头的连线。由于网路上各热用户是相互连通的,静止时网路上各点的测压管水头均相等,因此静水压曲线应该是一条水平直线。绘制静水压曲线应满足下列基本技术要求。

①因为各热用户采用铸铁散热器,所以与室外热水网路直接连接的用户系统内压力最大不应超过底层散热器的承压能力,一般为 0.5 MPa(50 mH_2O)。

②与热水网路直接连接的用户系统内不应出现倒空现象。

③高温水热用户最高点处不应出现汽化现象。

本示例中,如果所有热用户均采用直接连接,并保证所有的热用户不汽化、不倒空,要求的静水压线高度就不能低于 64 m(即热用户Ⅲ的高度加 3 m 的富裕高度)。如果静水压曲线定得这样高,热用户Ⅰ、Ⅱ、Ⅲ、Ⅳ底层散热器承受的压力都将超过 0.5 MPa(50 mH_2O),所有的热用户都需采用间接连接的形式,这增加了系统的投资费用,不合理、不经济,所以不能按热用户Ⅲ的要求定静水压曲线的位置,应按照能满足多数热用户直接连接的要求来确定。

如果热用户Ⅲ采用间接连接,其他用户采用直接连接,若按热用户Ⅰ不汽化的要求,静水压曲线高度最低应定为 $21+17.6+3=41.6$(m),其中 17.6 m 为 130 ℃水的汽化压力,3 m 为富裕值;若按热用户Ⅱ底层散热器不超压的要求,静水压曲线最高定为 $50-3=47$(m)。

因此本设计中将静水压曲线定为 42 m,除热用户Ⅲ采用间接连接形式外,其他所有用户都可以直接连接,这样当网路循环水泵停止运行时,能够保证系统不汽化、不倒空,而且底层散热器不超压。

选定的静水压曲线位置靠系统采用的定压方式来保证,目前热水供热系统采用的定压方式主要有高位水箱和补给水泵定压,定压点位置通常设在网路循环水泵的吸入端。

(5)绘制回水干管动水压曲线。

当网路循环水泵运行时,网路回水管各点测压管水头的连线称为回水管动水压曲线。绘制回水管动水压曲线应满足下列基本技术要求。

①回水管动水压曲线应保证所有直接连接的用户系统不倒空、不汽化,网路上任何一点的压力不应低于 5 mH_2O,这控制的是动水压曲线的最低位置。

②与热水网路直接连接的热用户,回水管动水压曲线应保证底层铸铁散热器承受的压力不超过 0.5 MPa(50 mH_2O),这控制的是动水压曲线的最高位置。

本设计如果采用高位水箱定压，为了保证静水压曲线 $j-j$ 的高度，高位水箱的水面高度应比循环水泵中心线高出 42 m，这在实际运行中难以实现。因此本设计中采用补给水泵定压，定压点设在回水干管循环水泵的入口处，定压点压力应满足静水压力的要求维持在 42 m。因此本设计中回水管动水压曲线末端的最低点就是回水管动水压曲线与静水压曲线的交点（A 点）处，压力仍是 42 m。

实际上底层散热器承受的压力比用户系统回水管出口处的压力高，它应等于底层散热器供水支管上的压力，但由于两者的差值比用户系统的热媒压力小很多，可近似认为用户系统底层散热器所承受的压力就是热网回水管在用户出口处的压力。

再根据热水网路的水力计算结果，按各管段实际压力损失绘出回水管动水压曲线。本设计中回水干线总压降为 12 mH_2O，回水干线起端 E 点的水位高度为 $42+12=54$ (mH_2O)。回水管动水压曲线在静水压曲线之上，能满足回水管动水压曲线绘制要求的第一条，但确定的热网回水管在热用户出口处的压力有的超过了散热器的承压能力（如热用户Ⅱ），只能靠设计热用户与外网的连接方式解决这个问题。

(6)绘制供水干管的动水压曲线。

当网路循环水泵运行时，网路供水管各点测压管水头的连线称为供水管动水压曲线。供水干管的动水压曲线也是沿流向逐渐下降的，它在每米长度上降低的高度反映了供水管的比压降值。绘制供水管动水压曲线应满足下列基本要求。

①网路供水干管及与管网直接连接的用户系统的供水管路中，热媒压力必须高于该温度下的汽化压力，任何一点都不应出现汽化现象。

②在网路上任何一处用户系统引入口供、回水管之间的资用压差能满足用户系统所需的循环作用压力。

这两条限制了供水管动水压曲线的最低位置。

本设计中热用户Ⅳ在网路末端，供、回水管之间的资用压力为最小，热用户Ⅳ为低温水用户，考虑采用设水喷射器的直接连接，资用压力选定为 10 mH_2O，则供水干管末端 E（热用户Ⅳ的入口）的测压管水头应为 $54+10=64$ (m)。再根据外网水力计算结果可知供水干线的压降为 12 mH_2O，在热源出口处供水管动水压曲线的高度（即 A 点的高度）应为 $64+12=76$ (m)。

本设计中定压点位置在网路循环水泵的吸入端，确定的回水管动水压曲线已全部高于静水压线 $j-j$，所以供水干管内各点的高温水均不会汽化。

这样就绘制出供、回水干管的动水压曲线 $AEE'A'$ 和静水压曲线 $j-j$，组成了该网路主干线的水压图。

(7)各分支管线的动水压曲线。

可根据各分支管线在分支点处供、回水管的测压管水头高度和分支线的水力计算结果，按上述方法和要求绘制。

如图 2.3 所示，热用户Ⅰ供水支线和干管的连接点 B 的水头为 73 m，考虑 $B-$Ⅰ段供水支管的水头损失 3 m，在热用户Ⅰ入口处的测压管水头为 $73-3=70$ (m)。用户Ⅰ回水支管和干管的连接点 B' 的水头为 45 m，考虑 $B'-$Ⅰ段回水支管的水头损失 3 m，在热用户Ⅰ出口处测压管水头为 $45+3=48$ (m)。

各热用户分支管线的供、回水管路动水压曲线已绘入图中。

6. 计算示例 2

根据已绘制的水压图，分析确定热用户与热网的连接形式。

分析如下。

(1)热用户Ⅰ。

热用户Ⅰ是高温水供暖热用户，从水压图可知，热用户Ⅰ中 130 ℃的高温水考虑不汽化的要求，压力应为 38.6 m，静水压曲线定在 42 m，可以保证用户Ⅰ不汽化、不倒空，而且无论运行还是静止时底层散热器都不会超压。

热用户Ⅰ的资用压力 $\Delta H=70-48=22$ (m)，热用户Ⅰ是大型高温水供暖热用户，假设内部设计水头损失为 $\Delta H_y=5\ mH_2O$，资用压力远远超过了用户系统的设计水头损失，需要在热用户Ⅰ入口处供水管上设阀门或调压板节流降压，使进入用户系统的测压管水头降到 $48+5=53$ (m)，阀门节流的压降为 $\Delta H_f=70-53=17$ (mH_2O)，这可以满足用户系统对压力的要求正常工作，如图 2.4(a)所示。

(2)热用户Ⅱ。

该热用户也是一个直接取用高温水的供暖热用户，静水压曲线高度可以保证该热用户不汽化、不倒空，虽然静止时底层散热器不会超压，即 $42+3=45$ (m)，但由于该热用户地势较低，运行工况时，热用户Ⅱ回水管的压力为 $51-(-3)=54$ (m)，已超过了散热器的允许压力，所以不能采用简单的直接连接形式。可在供水管上设阀门节流降压，回水管上再设水泵加压，如图 2.4(b)所示，其设计步骤如下。

①假定一个安全的回水压力，回水管的测压管水头不超过 $50-3=47$ (m)，可定为 45 (m)。

②该热用户所需的资用压力如果为 4 m，则供水管测压管水头应为 $45+4=49$ (m)。

③供水管应设阀门或调压板降压 $\Delta H_f=67-49=18$ (m)。

④热用户回水管加压水泵的扬程 $\Delta H_B=51-45=6$ (m)。

该热用户热网供、回水管提供的资用压差不仅未被利用，反而供水管上需要节流降压，回水管上又要设加压水泵，不经济，应尽量避免。

用户系统设回水泵加压的连接方式，常出现在热水网路末端的一些热用户和热力站上，当热水网路上连接的热用户热负荷超过设计热负荷，或网路没有很好地进行初调节，末端的一些热用户和热力站容易出现网路提供的资用压力小于热用户或热力站要求的压力的现象，进而出现作用压力不足的情况，此时回水压力过低，需设加压水泵。此外，利用网路回水再向一些热用户进行回水供暖(例如厂区回水再向生活区供暖)时，往往也需设回水加压泵，设回水加压泵时，常常由于选择的水泵流量或扬程较大，影响临近热用户的供热状况，造成网路的水力失调，因此应慎重考虑和正确选择加压水泵的流量和扬程。

(3)热用户Ⅲ。

该热用户是高层建筑低温水供暖热用户，系统静水压曲线和回水动水压曲线高度均低于系统充水高度 61 m(也就是该热用户的静水压曲线高度)，不能保证其始终充满水和不倒空。因此需采用设表面式水－水换热器的间接连接，如图 2.4(c)所示。

由水压图可知该热用户与热网连接处回水管的压力为 54 m，如果水－水换热器的压力损失为 4 m，水－水换热器前的供水压力应为 $54+4=58$ (m)，该热用户与热网连接处供水管的压力为 64 m，热用户Ⅲ供水管路应设阀门节流降压，压降应为 $\Delta H_f = 64 - 58 = 6$ (m)。应注意，该热用户的静水压曲线为 61 m，超过了常用铸铁散热器的承压能力，系统应采用承压能力较高的散热器或采用分区供暖系统。

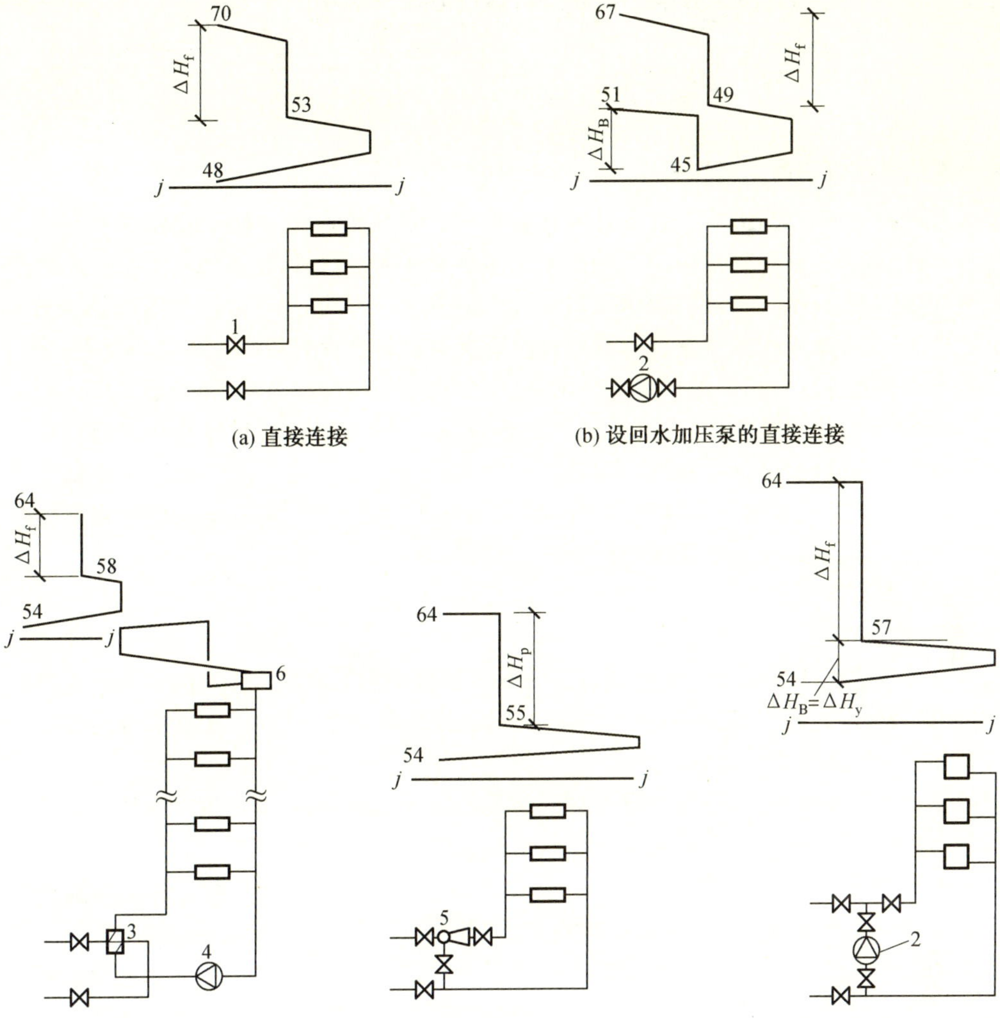

(a) 直接连接　(b) 设回水加压泵的直接连接

(c) 设换热器的间接连接　(d) 设水喷射器的直接连接　(e) 设混合水泵的直接连接

图 2.4　热用户与热网的连接形式及水压图

1—阀门；2—加压泵；3—水－水换热器；4—用户循环水泵；5—水喷射器；6—膨胀水箱

(4)热用户Ⅳ。

该热用户是低温水供暖热用户，从水压图可以看出，网路循环水泵停止运行时，静水压曲线能保证热用户Ⅳ不汽化、不超压。假设该热用户内部的水头损失为 1 mH_2O，而外网提供的资用压力为 10 mH_2O，可以考虑采用设水喷射器的直接连接，如图 2.4(d)所示。水喷射器出口的测压管水头为 $54 + 1 = 55$ (m)，喷射器本身消耗的压降为 $\Delta H_p = 64 - 55 = 9$ (m)，满足水喷射器的设置要求。

假设该热用户内部的水头损失为 3 mH_2O，而外网提供的资用压力为 10 mH_2O，不能保证设置水喷射器要求的作用压力，可采用设混合水泵的连接方式，如图 2.4(e)所示。该热用户与热网连接处供水管的压力为 64 m，阀门节流降压的压降应为 $\Delta H_f=64-(54+3)=7$ (m)，混合水泵的扬程应等于用户系统的压力损失 $\Delta H_B=3$ m。

虽然该热用户回水管动水压曲线的高度为 54 m，但该热用户地势较高，作用在底层散热器上的压力为 54－7＝47 (m)，没有超过底层散热器的承压能力。

2.4 集中热水供热系统的定压方式

1. 热水供热系统常用的定压方式

热水热力网的定压方式，应根据技术经济比较确定。定压点应设在便于管理并有利于管网压力稳定的位置，宜设在热源处。当供热系统多热源联网运行时，全系统应仅有一个定压点起作用，但可多点补水。通过绘制水压图可以正确地进行管网分析，分析热用户的压力状况和连接方式，合理地组织热网运行。热水供热管网应具有合理的压力分布，以保证系统在设计工况下正常运行。对于低温热水供热系统，应保证系统内始终充满水，处于正压运行状态，任何一点都不得出现负压；对于高温热水供热系统，无论是运行还是静止状态都应保证管网和局部系统内任何地点的高温水不汽化，即管网的局部系统内各点的压力不得低于该点水温下的汽化压力。要想使管网按水压图给定的压力状态运行，需确定正确的定压方式和定压点位置，控制好定压点所要求的压力。

常用的热水供热系统的定压方式如下。

(1)开式高位水箱定压。

开式高位水箱定压依靠安装在系统最高点的开式膨胀水箱形成的水柱高度来维持管网定压点(膨胀管与管网连接点)压力稳定。由于开式膨胀水箱与管网相通，水箱水位的高度与系统的静水压曲线高度是一致的。

对于低温热水供暖系统，当定压点设在循环水泵的吸入口处时，只要控制静水压曲线的高度高出室内供暖系统的最高点(即充水高度)，就可保证用户系统始终充满水，任何一点都不会出现负压。确定膨胀水箱安装高度时，一般可考虑 2 m 左右的安全裕量。室内低温热水供暖系统常采用这种设高位膨胀水箱的定压方式，其设备简单，工作安全、可靠。

高温热水供热系统如果采用高位水箱定压，为了避免系统倒空和汽化，会要求高位水箱的安装高度大大增加，实际上很难在热源附近安装比所有用户系统都高很多，且能保证不汽化的膨胀水箱，往往需要采用其他定压方式。

(2)补给水泵定压。

补给水泵定压是目前集中供热系统广泛采用的一种定压方式。补给水泵定压主要有三种形式。

①补给水泵连续补水定压方式。图 2.5 所示为补给水泵连续补水定压方式的示意图，定压点设在网路回水干管循环水泵吸入口前的 O 点处。系统工作时，补给水泵连续向系统内补水，补水量与系统的漏水量相平衡，通过补给水调节阀控制补给水量，维持补水点压力稳定，系统内压力过高时，可通过安全阀泄水降压。

该方式补水装置简单，压力调节方便，水力工况稳定。但突然停电，补给水泵停止运行时，不能保证系统所需压力，因供水压力降低而可能产生汽化现象。为避免锅炉和供热管网内的高温水汽化，停电时应立即关闭阀门 3、4，使热源与网路断开，上水在自身压力的作用下，将止回阀 8 顶开向锅炉和系统内充水，同时还应打开集气罐上的放气阀排气。考虑到突然停电时可能产生水击现象，在循环水泵吸入管路和压水管路之间可连接一根带止回阀的旁通管作为泄压管。

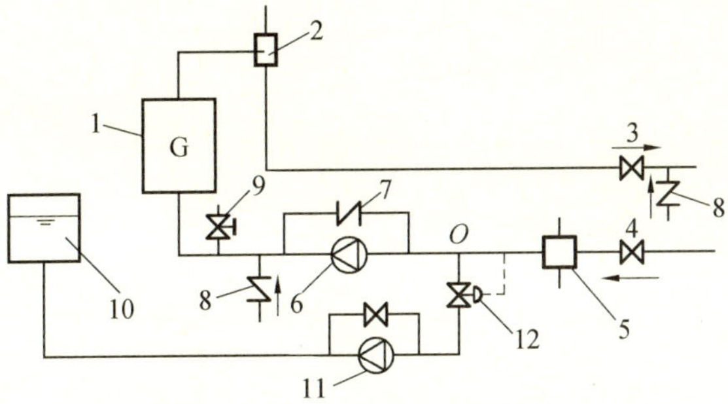

图 2.5　补给水泵连续补水定压方式

1—热水锅炉；2—集气罐；3、4—供、回水管阀门；5—除污器；6—循环水泵；7—止回阀；8—给水止回阀；9—安全阀；10—补水箱；11—补给水泵；12—压力调节器

补给水泵连续补水定压方式适用于大型供热系统，补水量波动不大的情况。

②补给水泵间歇补水定压方式。图 2.6 所示为补给水泵间歇补水定压方式的示意图。补给水泵的启动和停止运行是由压力调节器电接点式压力表表盘上的触点开关控制的。当网路循环水泵吸入端压力达到系统定压点的上限压力时，补给水泵停止运行；当网路循环水泵吸入端压力下降到系统定压点的下限压力时，补给水泵启动向系统补水，保持循环水泵吸入口处压力在上限和下限值范围内波动。

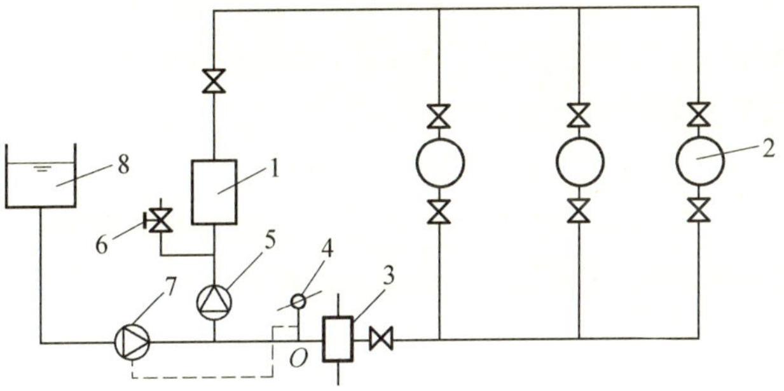

图 2.6　补给水泵间歇补水定压方式

1—热水锅炉；2—热用户；3—除污器；4—压力调节器；5—循环水泵；6—安全阀；7—补给水泵；8—补给水箱

间歇补水定压方式比连续补水定压方式少耗电能、设备简单，但其动水压曲线上下波动，压力不如连续补水定压方式稳定。通常波动范围为 5 m 左右，不宜过小，否则触点开关动作过于频繁容易损坏。

③补水定压点设在旁通管处的补给水泵定压方式。补给水泵连续补水定压和间歇补水定压都是将定压点设在循环水泵的吸入口处，这是较常用的定压方式，这两种方式供、回水干管的动水压曲线都在静水压曲线之上，也就是说管网运行时网路和用户系统各点均承受较大压力。大型热水供暖系统为了适当地降低网路的运行压力和便于调节，可采用补水定

压点设在旁通管处的补给水泵定压方式,如图 2.7 所示。

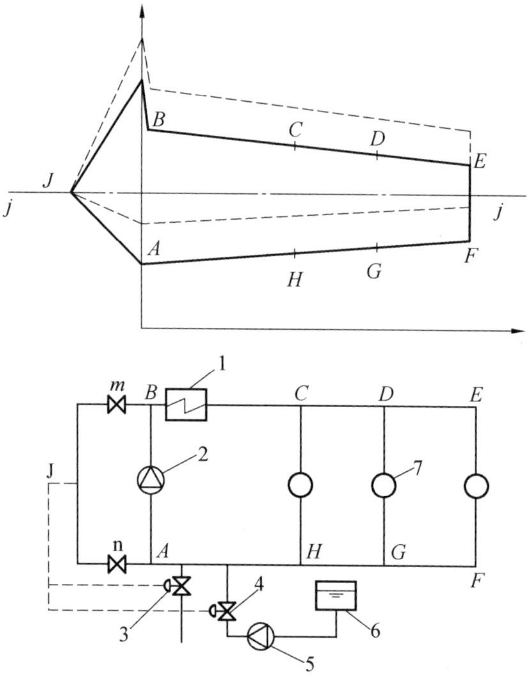

图 2.7　补水定压点设在旁通管处的补给水泵定压方式

1—加热装置(锅炉或换热器);2—网路循环水泵;3—泄水调节阀;

4—压力调节阀;5—补给水泵;6—补给水箱;7—热用户

该方式在热源供、回水干管之间连接一根旁通管,利用补给水泵使旁通管 J 点压力符合静水压力要求。在网路循环水泵运行时,如果定压点 J 的压力低于控制值,压力调节阀 4 的阀孔开大,补水量增加;如果定压点 J 的压力高于控制值,压力调节阀 4 关小,补水量减少。如果由于某种原因(如水温不断急剧升高),即使压力调节阀完全关闭,压力仍不断升高,则泄水调节阀 3 开启泄水,一直到定压点 J 的压力恢复正常为止。当网路循环水泵停止运行时,整个网路压力先达到运行时的平均值然后下降,通过补给水泵的补水作用,使整个系统压力维持在定压点 J 的静压力上。

该方式可以适当地降低运行时的动水压曲线,网路循环水泵吸入端 A 点的压力低于定压点 J 的压力。调节旁通管上的两个阀门 m 和 n 的开启度,可控制网路的动水压曲线升高或降低,如果将旁通管上的阀门 m 关小,旁通管段 BJ 的压降增大,J 点压力降低传递到压力调节阀 4 上,调节阀的阀孔开大,作用在 A 点上的压力升高,整个网路的动水压曲线将升高到图 2.7 中虚线的位置。如果将阀门 m 完全关闭,则 J 点压力与 A 点压力相等,网路的整个动水压曲线位置都将高于静水压曲线。反之,如果将旁通管上的阀门 n 关小,网路的动水压曲线可以降低。

采用将定压点设在旁通管上的连续补水定压方式,可灵活调节系统的运行压力,但旁通管不断通过网路循环水,计算循环水泵流量时应计入这部分流量,循环水泵流量增加后会多消耗电能。

(3)惰性气体定压方式。

气体定压大多采用的是惰性气体(氮气)定压。图 2.8 所示为热水供热系统采用的变压式氮气定压方式，氮气从氮气瓶经减压后进入氮气罐，充满氮气罐Ⅰ－Ⅰ水位之上的空间，保持Ⅰ－Ⅰ水位时罐内压力 p_1 一定。当热水供热系统内水受热膨胀，氮气罐内水位升高，气空间减小，气体压力升高，水位超过Ⅱ－Ⅱ，压力达到 p_2 后，氮气罐顶部设置的安全阀排气泄压。

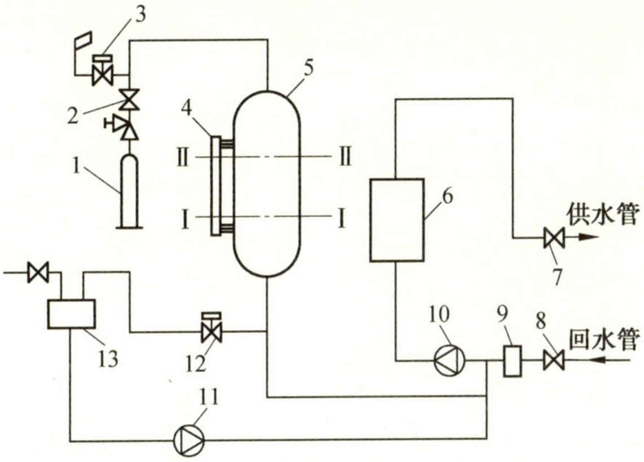

图 2.8 变压式氮气定压方式

1—氮气瓶；2—减压阀；3—排气阀；4—水位控制器；5—氮气罐；6—热水锅炉；7、8—供、回水管总阀门；9—除污器；10—网路循环水泵；11—补给水泵；12—排水电磁阀；13—补给水箱

当系统漏水或冷却时，氮气罐内水位降到Ⅰ－Ⅰ水位之下，氮气罐上的水位控制器自动控制补给水泵启动补水，水位升高到Ⅱ－Ⅱ 水位之后，补给水泵停止工作。罐内氮气如果溶解或漏失，当水位降到Ⅰ－Ⅰ附近时，罐内氮气压力将低于规定值 p_1，氮气瓶向罐内补气，保持 p_1 压力不变。

氮气加压罐既起定压作用，又起容纳系统膨胀水量、补充系统循环水的作用，相当于一个闭式的膨胀水箱。采用氮气定压方式，系统运行安全、可靠，由于罐内压力随系统水温升高而增加，罐内气体可起到缓冲压力传播的作用，能较好地防止系统出现汽化和水击现象。但这种方式需要消耗氮气，设备较复杂，罐体体积较大，主要适用于高温热水供热系统。

目前还有采用空气定压罐的方式，它要求空气与水必须采用弹性密封材料(如橡胶)隔离，以免增加水中的溶氧量。

(4)蒸汽锅筒定压方式。

图 2.9 所示为蒸汽锅筒定压方式。热水供热系统的热水锅炉通常满水运行，如果采用蒸汽锅筒定压，则要求锅炉非满水运行，或采用蒸汽、热水两用锅炉。热水供热系统的网路回水经网路循环水泵加压后送入锅炉上锅筒，在锅炉内被加热到饱和温度后，从上锅筒水面之下引出，为防止饱和水因压力降低而汽化，锅炉供水应立即引入混水器中，在混水器中，饱和水与部分网路回水混合，使其水温下降到网路要求的供水温度。系统漏水由网路补给水泵补水，以控制上锅筒的正常水位。

蒸汽锅筒定压热水供热系统，采用锅炉加热过程中伴生的蒸汽来定压，经济简单，因突然停电产生的系统定压和补水问题比较容易解决，锅炉内部即使出现汽化，也不会出现炉内局部的汽水冲击现象，在供热水的同时，也可以供蒸汽。但该系统锅炉燃烧状况不好时，会影响系统的压力状况，锅炉如果出现低水位，蒸汽易窜入管路，引起严重的汽水冲击现象。

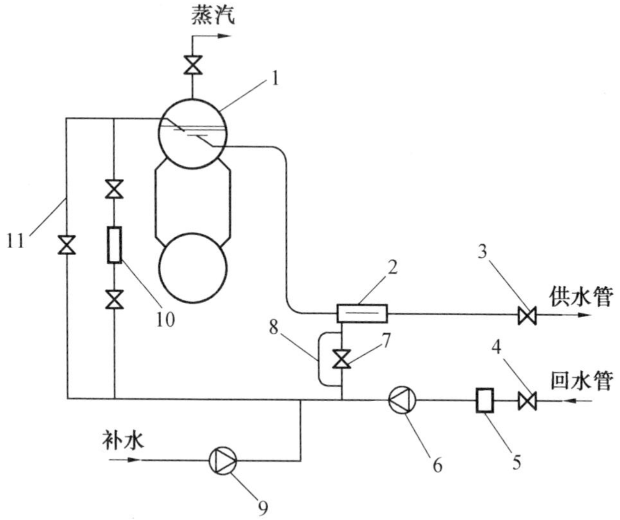

图 2.9　蒸汽锅筒定压方式

1—蒸汽热水两用锅炉；2—混水器；3、4—供回水总阀门；5—除污器；6—网路循环水泵；7—混水阀；8—混水旁通阀；9—补给水泵；10—锅炉省煤器；11—省煤器旁通管

(5)气压罐定压方式。

供热系统普遍采用气压罐定压方式来进行系统定压、容纳或补偿系统中水的膨胀量。

当系统压力大于气压罐内设定的气体压力时，在系统压力作用下，一部分水进入气压罐罐体，系统压力逐渐降低，直到罐体内压力和系统的压力达到平衡；当系统压力下降时，罐体内的水会被气压罐内气体挤出补充到系统内，使系统压力升高，当气压罐内气体压力低于设定压力时，启动增压泵向系统补水，确保系统压力恒定。

2.5　集中热水供热系统的水力工况

1. 热用户的水力失调

供热管网是由许多串、并联管路和各个热用户组成的复杂的、相互连通的管道系统。在运行过程中往往由于各种原因的影响，网路的流量分配不符合各热用户的设计要求，各热用户之间的流量要重新分配。热水供热系统中，各热用户的实际流量与要求流量之间的不一致性称为该热用户的水力失调。

造成水力失调的原因很多，具体介绍如下。

(1)在设计计算时，不能在设计流量下达到阻力平衡，结果运行时管网会在新的流量下达到阻力平衡。

(2)施工安装结束后，没进行初调节或初调节未能达到设计要求。

(3)在运行过程中，一个或几个用户的流量变化(阀门调节或停止使用)，会引起网路与其他用户流量的重新分配。

2. 水力工况的基本计算原理

根据流体力学理论，各管段的压力损失为

$$\Delta p = SG^2 \tag{2.27}$$

式中　Δp——计算管段的压力损失，Pa；

S——计算管段的特性阻力数，$\mathrm{Pa \cdot h^2/kg^2}$；

G——计算管段的流量，kg/h。

在水温一定(即管中流体密度一定)的情况下，网路各管段的特性阻力数 S 与管径 d、管长 L、沿程阻力系数 λ 和局部阻力系数 $\sum\xi$ 有关，即 S 值取决于管路本身，对一段管段来说，只要阀门开启度不变，其 S 值就是不变的。任何热水网路都是由许多串联管段和并联管段组成的，下面分析串、并联管路的总特性阻力数。

(1)串联管路。

如图 2.10 所示，串联管路中，各管段流量相等，即

$$G_1 = G_2 = G_3$$

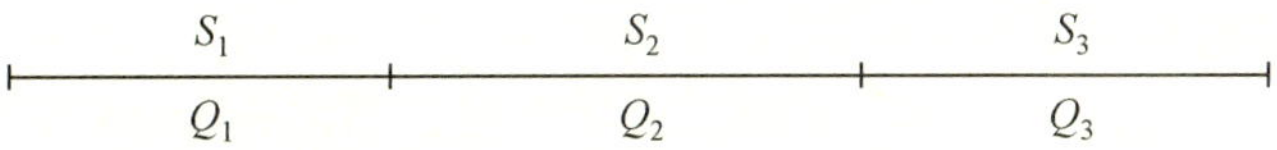

图 2.10　串联管路

总压力损失等于各管段压力损失之和，即

$$\Delta p = \Delta p_1 + \Delta p_2 + \Delta p_3$$

则有

$$S = S_1 + S_2 + S_3 \tag{2.28}$$

式(2.28)说明串联管路中，管路的总特性阻力数等于各串联管段特性阻力数之和。

(2)并联管路。

如图 2.11 所示，并联管路中，各管段的压力损失相等，即

$$\Delta p = \Delta p_1 = \Delta p_2 = \Delta p_3$$

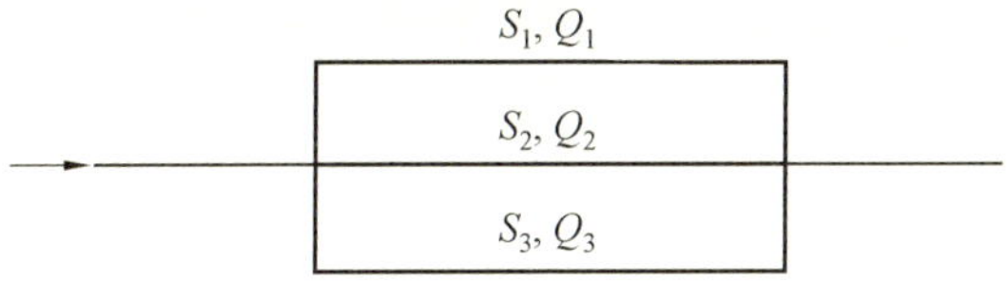

图 2.11　并联管路

管路总流量等于各管段流量之和，即

$$G = G_1 + G_2 + G_3$$

则有

$$\frac{1}{\sqrt{S}} = \frac{1}{\sqrt{S_1}} + \frac{1}{\sqrt{S_2}} + \frac{1}{\sqrt{S_3}} \tag{2.29}$$

式(2.29)说明并联管路中，管路总特性阻力数平方根的倒数等于各并联管段特性阻力数平方根的倒数和。

各管段的流量关系也可用下式表示

$$G_1 : G_2 : G_3 = \frac{1}{\sqrt{S_1}} : \frac{1}{\sqrt{S_2}} : \frac{1}{\sqrt{S_3}} \tag{2.30}$$

总结上述原理，可以得到如下结论。

①各并联管段的特性阻力数 S 不变时，网路的总流量在各管段中的流量分配比例不变，网路总流量增加或减少，各并联管段的流量也相应地增加或减少。

②在各并联管段中，任何一个管段的特性阻力数 S 值发生变化，网路的总特性阻力数会随之改变，总流量在各管段中的分配比例也相应地发生变化。

3. 分析和计算热水网路中的流量分配情况

分析和计算热水网路中流量分配情况的步骤如下。

(1)根据正常水力工况下的流量和压降，求出网路各管段和用户系统的阻力数。

(2)根据热水网路中管段的连接方式，利用求串联管段和并联管段总阻力数的计算公式，逐步地求出水力工况改变后整个系统的总阻力数。

(3)得出整个系统的总阻力数后，可以利用图解法，画出网路的特性曲线，与网路循环水泵的特性曲线相交，求出新的工作点；或者可以联立水泵特性函数式和热水网路水力特性函数式，计算求解确定新的工作点的 G 和 Δp 值。当水泵特性曲线较平缓时，也可近似视为 Δp 不变，利用下式求出水力工况变化后的网路总流量 G'：

$$G' = \sqrt{\frac{\Delta p}{S}} \tag{2.31}$$

式中 G'——网路水力工况变化后的总流量，kg/h；

Δp——网路循环水泵的扬程，设水力工况变化前后的扬程不变，Pa；

S——网路水力工况改变后的总阻力数，$\mathrm{Pa \cdot h^2/kg^2}$。

(4)顺次按各串、并联管段流量分配的计算方法分配流量，求出网路各管段及各热用户在工况改变后的流量。

4. 热水网路的水力失调度

水力失调的程度可以用实际流量与规定流量的比值 x 来衡量，x 称为水力失调度，即

$$x = \frac{G_s}{G_g} \tag{2.32}$$

式中 x——水力失调度；

G_s——热用户的实际流量；

G_g——热用户的规定流量。

对整个网路系统来说，各热用户的水力失调状况是多种多样的，具体介绍如下。

(1)一致失调：网路中各热用户的水力失调度 x 都大于 1(或都小于 1)的水力失调状况称为一致失调。一致失调又分为以下两种。

等比失调：所有热用户的水力失调度 x 值都相等的水力失调状况称为等比失调。

不等比失调：各热用户的水力失调度 x 值不相等的水力失调状况称为不等比失调。

(2)不一致失调：网路中各热用户的水力失调度有的大于 1，有的小于 1，这种水力失调状况称为不一致失调。

5. 计算示例

供热是一件关系民生的大事，作为供热公司的员工，要有为民服务的意识和奉献社会的职业道德。假设你现在是一名供热公司的员工，你所负责的某一室外热水供热网路正常工况时各热用户流量和水压图如图 2.12 所示。热用户 2 是某企业，因冬季停产，想要停止厂区的供热，试计算关闭热用户 2 后其他各热用户的流量变化情况及水力失调度。

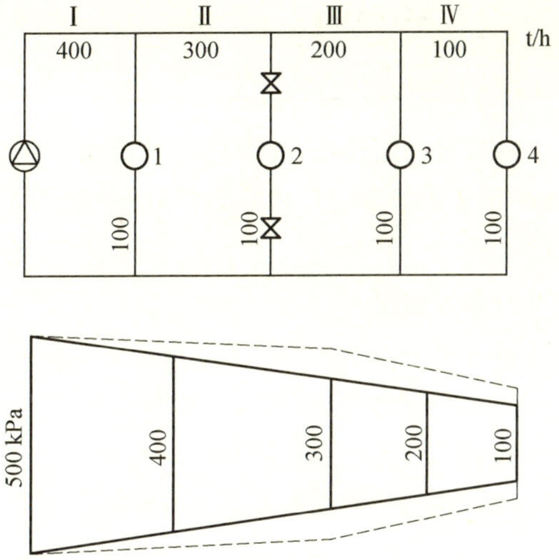

图 2.12　正常工况时各热用户流量和水压图

解　正常工况下网路干管(包括供、回水干管)和各热用户的压力损失 Δp、流量 G 和阻力数 S 见表 2.6、表 2.7。

表 2.6　网路干管的压力损失、流量和阻力数

网路干管	Ⅰ	Ⅱ	Ⅲ	Ⅳ
压力损失 Δp/Pa	10×10^4	10×10^4	10×10^4	10×10^4
流量 $G/(t\cdot h^{-1})$	400	300	200	100
阻力数 $S/[Pa\cdot(t\cdot h^{-1})^{-2}]$	0.625	1.11	2.5	10

表 2.7　各热用户的压力损失、流量和阻力数

热用户	1	2	3	4
压力损失 Δp/Pa	40×10^4	30×10^4	20×10^4	10×10^4
流量 $G/(t\cdot h^{-1})$	100	100	100	100
阻力数 $S/[Pa\cdot(t\cdot h^{-1})^{-2}]$	40	30	20	10

热用户 2 关闭，水力工况改变后各热用户的工况变化情况如表 2.8 所示。

通过表 2.6～2.8 可以分析得出，关闭热用户 2 后，热用户 1、3、4 的流量和作用压力均超过设计值，各热用户内部的实际室内温度均超过要求的室内设计计算温度。热用户 1 的流量增加 4.03 t/h，作用压力增加 3.3×10^4 Pa；热用户 3 的流量增加 10.67 t/h，作用压力增加 4.5×10^4 Pa；热用户 4 的流量增加 10.67 t/h，作用压力增加 2.3×10^4 Pa。

表 2.8　热用户工况变化情况表

热用户	1	2	3	4
正常工况时流量 $G/(t \cdot h^{-1})$	100	100	100	100
工况变动后流量 $G/(t \cdot h^{-1})$	104.03	0	110.67	110.67
水力失调度 x	1.040 3	0	1.106 7	1.106 7
正常工况时用户作用压差 ΔP/Pa	4×10^5	3×10^5	2×10^5	1×10^5
工况变动后用户作用压差 ΔP/Pa	4.33×10^5	3.67×10^5	2.45×10^5	1.23×10^5

若各热用户入口处安装自动流量控制设备，使各热用户增加的流量及剩余的压力由自动流量控制设备消除，流量和作用压力均为设计值后，可以减少室外热水管网的热能消耗，达到节能运行的目的。

6. 常见热水网路水力工况的变化情况

下面以几种常见的水力工况变化为例，利用上述原理和水压图，分析网路水力失调状况。图 2.13 所示为一个带有 5 个热用户的供热管网。假定各热用户的流量已调整到规定的数值。改变阀门 A、B、C 的开启度，管网中各热用户将产生水力失调。同时，水压图也将发生变化。图 2.14 中实线表示初始状态，虚线表示调节后状态。

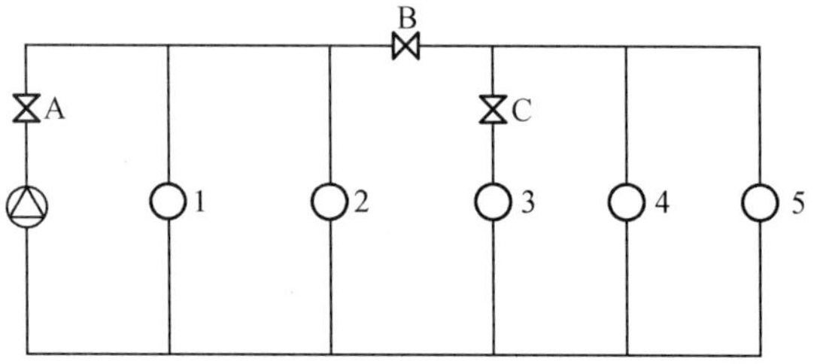

图 2.13　热水网路

(1)阀门 A 节流(阀门关小)时的水力工况变化。

当阀门 A 节流时，网路总特性阻力数 S 将增大，总流量 G 将减小。由于没有对各热用户进行调节，各热用户分支管路及其他干管的特性阻力数均未改变，各热用户的流量分配比例也没有变化，各热用户流量将按同一比例减少，各热用户的作用压差也将按同一比例减少，网路产生了一致的等比失调。图 2.14(a)所示为阀门 A 节流时网路的水压图，实线表示正常工况下的水压曲线，虚线为阀门 A 节流后的水压曲线，由于各管段流量减小，压降减小，干管的水压曲线(虚线)将变得平缓一些。

(2)阀门 B 节流时的水力工况变化。

阀门 B 节流时，网路总阻力数 S 增加，总流量 G 将减少，压降减少，如图 2.14(b)所示，供、回水干管的水压线将变得平缓一些，供水管水压线在 B 点将出现一个急剧下降。阀门 B 之后的热用户 3、4 本身特性阻力数虽然未变，但由于总的作用压力减小了，热用户 3、4 的流量和作用压力将按相同比例减小，热用户 3、4 出现了一致的等比失调；阀门 B 之前的热用户 1、2，虽然本身特性阻力数并未变化，但由于其后面管路的特性阻力数改变了，阀门 B 之前的网路总的特性阻力数也会随之改变，总流量在各管段中的流量分配比例也相应地发生了变化，热用户1、2的作用压差和流量按不同的比例增加，热用户1、2将出现不等比的一致失调。

对供热网路的全部热用户来说，流量有的增加，有的减少，整个网路发生的是不一致失调。

(3)阀门C关闭，热用户3停止工作。

阀门C关闭，热用户3停止工作后，网路总阻力数将增加，总流量将减少，如图2.14(c)所示，热源到热用户3之间的供、回水管中压降减少，水压曲线将变得平缓，热用户3之前用户的流量和作用压差均增加，但比例不同，是不等比的一致失调。由水压图分析可知，热用户3处供、回水管之间的作用压差将增加，热用户3之后供、回水干管水压线变陡，热用户3之后的热用户4、5的作用压差将增加，流量也将按相同比例增加，是等比的一致失调。

对整个网路而言，除热用户3外，所有热用户的作用压差和流量均增加，属于一致失调。

(4)热水网路未进行初调节的水力工况变化。

如果热水网路未进行初调节，作用在网路近端的热用户作用压差会较大，在选择热用户内部各分支管路的管径时，由于管道内热媒流速和管径规格的限制，近端热用户的实际阻力数远小于设计规定值，作用在热用户分支管路上的压力将会有过多剩余，位于网路近端的热用户实际流量比规定流量大很多。此时，网路的总阻力数比设计的总阻力数小，网路的总流量会增加。如图2.14(d)所示，网路干管前部的水压曲线将变得较陡，而位于网路后部的热用户，其作用压力和流量将小于设计值，网路干管后部的水压曲线将变得平缓，这往往会使得管路干管后部的热用户作用压力不足。由此可见热水网路投入运行时，必须很好地进行初调节。

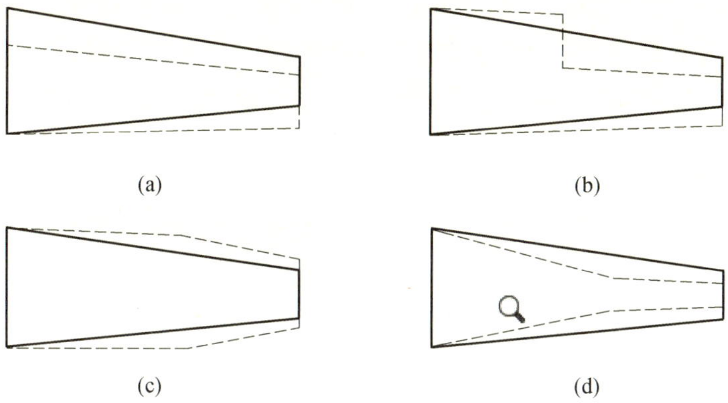

图2.14 热水网路的水力工况

(5)热用户处增设回水加压泵的水力工况变化。

在热水网路运行时，可能由于种种原因，有些热用户或热力站的作用压力会低于设计值，热用户或热力站流量不足，此时热用户或热力站往往需要设加压水泵(加压水泵可设在供水管路或回水管路上)。在热用户处增设加压水泵后，整个网路的水力工况将发生变化。

图2.15所示为在用户处增设回水加压水泵的网路水力工况，假设热用户3未增设回水加压水泵时作用压差为Δp_{BE}，低于设计要求。热用户3上的回水加压泵运行时，可以认为在热用户3及其支线(管段BE)上增加了一个阻力数为负值的管段，其负值的大小与水泵

的工作扬程和流量有关，此时热用户 3 的阻力数减小。而其他管段和热用户未采取调节措施，阻力数不变，因此整个网路的总阻力数相应减少，网路总流量将增加。热用户 3 前的 AB、EF 管段流量增加，动水压曲线将变陡，热用户 1、2 的作用压差将减小，但减小的比例不同，热用户 1、2 是不等比的一致失调。用户 3 后的热用户 4、5 作用压差也将减小，减小的比例相同，是等比的一致失调。热用户 3 由于回水加压泵的影响，其压力损失将增加，流量将增大。

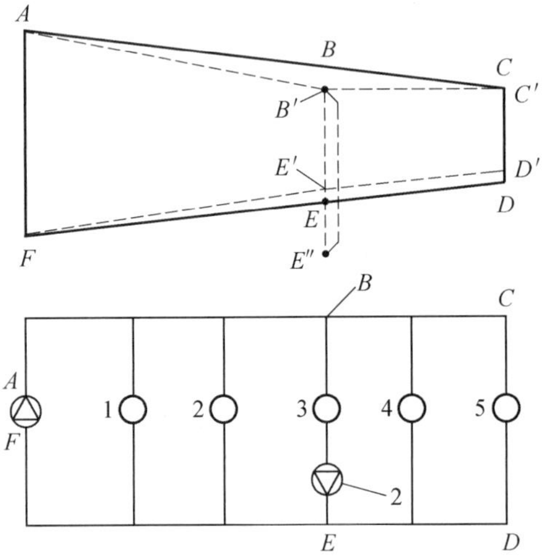

图 2.15　热用户处增设回水加压水泵的网路水力工况

由此可见，在热用户处设回水加压水泵，能增加热用户流量，对热用户运行有利，但会加大网路总循环水量和热用户之前干管的压力损失，使其他热用户的作用压差和循环水量相应减少，甚至使原来流量符合要求的热用户流量不足。因此，在网路运行中，不应在热用户处任意增设加压水泵，应仔细分析对整个网路水力工况的影响后选择采用。

思政案例

为促进“双碳”(碳达峰、碳中和)目标的实现，满足城市可持续发展需求。北方某城市启动集中供热系统管网改造项目，改造过程中要求设计团队进行水力计算以确保整个集中供热系统的稳定运行。设计团队发现该城市地形复杂，在进行管网设计时，管道的局部压力损失和沿程压力损失可能对管网的稳定运行产生重大影响。他们运用先进的水力计算软件，结合实际测量数据，反复模拟和调整，最终设计出一套合理的方案，确保热水能够高效、安全地输送到城市中每个供热点。除此之外，设计团队还考虑了节能环保要求，采用低能耗循环水泵，优化管道直径以降低能耗。

这一工程案例体现出工程师们在复杂环境中迎难而上的责任担当和对社会的深刻关怀，为城市居民提供了温暖舒适的生活环境。同学们在进行集中供热管网水力计算和工况调节时，应该在传统水力计算方法的基础上，提升创新能力，同时还应该紧跟专业前沿，了解国家政策，将工程实践与国家政策结合，树立绿色发展的职业责任感。

模块3　集中供热系统管网的施工安装

3.1　集中供热系统管网的布置与敷设

1.集中供热系统管网的布置型式特点

集中供热系统中，供热管道把热源与热用户连接起来，将热媒输送到各个热用户。管道系统的布置型式取决于热媒(热水或蒸汽)、热源(热电厂或区域锅炉房等)与热用户的相互位置及热用户的种类、热负荷大小和性质等。选择管网的布置型式应遵循安全和经济的原则。

供热管网分成环状管网和枝状管网，枝状管网如图3.1所示，供热管网的管道直径随着与热源距离的增加而减小，且建设投资小，运行管理比较简便。但枝状管网没有备用功能，供热的可靠性差，当管网某处发生故障时，在故障点以后的热用户都将停止供热。

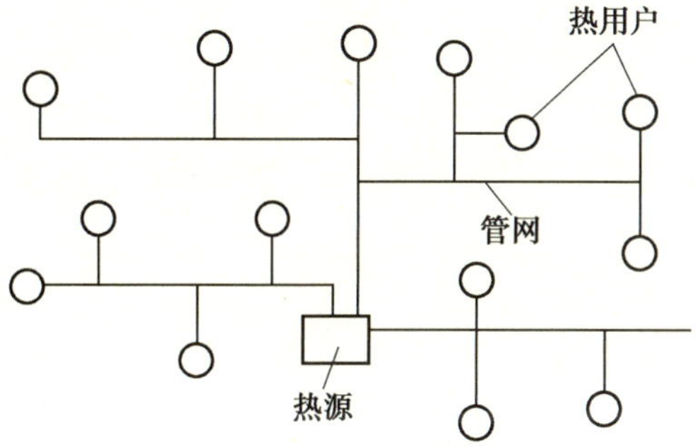

图3.1　枝状管网

环状管网如图3.2所示，供热管道主干线首尾相接构成环路，管道直径普遍较大，环状管网具有良好的备用功能，当管路局部发生故障时，可经其他连接管路继续向热用户供热，甚至当系统中某个热源出现故障不能向热网供热时，其他热源也可向该热源的网区继续供热，管网的可靠性好，环状管网通常设两个或两个以上的热源。环状管网与枝状管网相比建设投资大，控制难度大，运行管理复杂。

由于城市集中供热管网的规模较大，故从结构层次上又将管网分为一级管网和二级管网。一级管网是连接热源与区域热力站的管网，又称热力网；二级管网以热力站为起点，把热媒输配到各个热用户的热力引入口处，又称街区热水供热管网。一级管网的形式代表着供热管网的形式，如果一级管网为环状，就将供热管网称为环状管网；若一级管网为枝状，就将供热管网称为枝状管网。二级管网基本上都是枝状管网，它将热能由热力站分配到一个或几个街区的建筑物内。

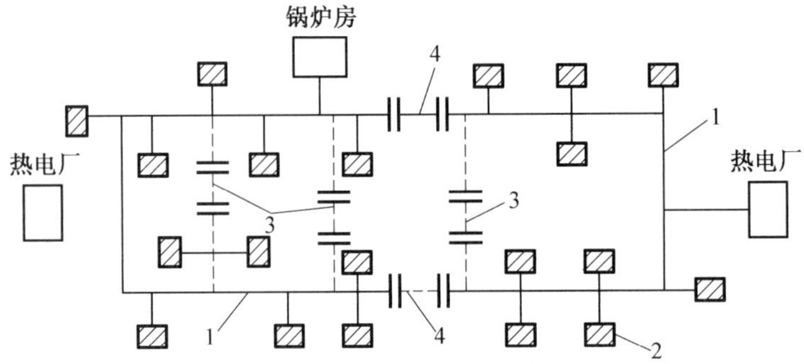

图 3.2　环状管网

1——一级管网;2—热力站;3—使热网具有备用功能的跨接管;4—使热源具有备用功能的跨接管

还有一种环状管网分环运行的方案被广泛采用,在管网的供、回水干管上装设具有通断作用的跨接管,如图 3.2 所示,跨接管 3 为热网提供备用功能,当某段管路、阀门或附件发生故障时,利用它来保证供热的可靠性。跨接管 4 为热源提供备用功能,当某个热源发生故障时,可通过跨接管 4 把这个热源区的热网与另一个热源区的热网连通,以保证供热不间断。跨接管 4 在正常工况下是关断不参与运行的,每个热源保证各自供热区的供热,任何热用户都不得连接到跨接管上。

2. 集中供热管网的平面布置

进行供热管网的平面布置就是要选定从热源到热用户管道的走向和平面管线位置,又叫管网选线。供热管网的平面布置应根据城市或厂区的总平面图和地形图、热用户热负荷的分布、热源的位置,以及地上、地下构筑物的情况,供热区域的水文地质条件等因素按照下述原则确定。

(1)技术上可靠。

供热管道应尽量布置在地势平坦、土质好、地下水位低的地区,应考虑如果出现故障与事故能迅速排除。地下敷设热力网管道与建筑物(构筑物)或其他管线的最小距离如表 3.1 所示,地上敷设热力网管道与建筑物(构筑物)或其他管线的最小距离如表 3.2 所示。

表 3.1　地下敷设热力网管道与建筑物(构筑物)或其他管线的最小距离　(单位:m)

建筑物、构筑物或管线名称			最小水平净距	最小垂直净距
建筑物基础	管沟敷设热力网管道		0.5	—
	直埋闭式热水热力网管道	DN≤250	2.5	—
		DN≥300	3.0	—
	直埋开式热水热力网管道		5.0	—
铁路钢轨			轨外侧 3.0	轨底 1.2
电车钢轨			轨外侧 2.0	轨底 1.0
铁路、公路路基边坡底脚或边沟的边缘			1.0	—
通信、照明或 10 kV 以下电力线路的电杆			1.0	—

续表 3.1

<table>
<tr><th colspan="3">建筑物、构筑物或管线名称</th><th>最小水平净距</th><th>最小垂直净距</th></tr>
<tr><td colspan="3">桥墩(高架桥、栈桥)边缘</td><td>2.0</td><td>—</td></tr>
<tr><td colspan="3">架空管道支架基础边缘</td><td>1.5</td><td>—</td></tr>
<tr><td colspan="3">高压输电线铁塔基础边缘 35～220 kV</td><td>3.0</td><td>—</td></tr>
<tr><td colspan="3">通信电缆管块</td><td>1.0</td><td>0.15</td></tr>
<tr><td colspan="3">直埋通信电缆(光缆)</td><td>1.0</td><td>0.15</td></tr>
<tr><td colspan="2" rowspan="2">电力电缆和控制电缆</td><td>35 kV 以下</td><td>2.0</td><td>0.5</td></tr>
<tr><td>110 kV</td><td>2.0</td><td>1.0</td></tr>
<tr><td rowspan="7">燃气管道</td><td rowspan="4">管沟敷设热力网管道</td><td>燃气压力≤0.01 MPa</td><td>1.0</td><td rowspan="4">钢管 0.15
聚乙烯管在上 0.2
聚乙烯管在下 0.3</td></tr>
<tr><td>0.01 MPa＜燃气压力≤0.4 MPa</td><td>1.5</td></tr>
<tr><td>0.4 MPa＜燃气压力≤0.8 MPa</td><td>2.0</td></tr>
<tr><td>燃气压力＞0.8 MPa</td><td>4.0</td></tr>
<tr><td rowspan="3">直埋敷设热水热力网管道</td><td>燃气压力≤0.4 MPa</td><td>1.0</td><td rowspan="3">钢管 0.15
聚乙烯管在上 0.5
聚乙烯管在下 1.0</td></tr>
<tr><td>0.4 MPa＜燃气压力≤0.8 MPa</td><td>1.5</td></tr>
<tr><td>燃气压力＞0.8 MPa</td><td>2.0</td></tr>
<tr><td colspan="3">给水管道</td><td>1.5</td><td>0.15</td></tr>
<tr><td colspan="3">排水管道</td><td>1.5</td><td>0.15</td></tr>
<tr><td colspan="3">地铁</td><td>5.0</td><td>0.8</td></tr>
<tr><td colspan="3">电气铁路接触网电杆基础</td><td>3.0</td><td>—</td></tr>
<tr><td colspan="3">乔木(中心)</td><td>1.5</td><td>—</td></tr>
<tr><td colspan="3">灌木(中心)</td><td>1.5</td><td>—</td></tr>
<tr><td colspan="3">车行道路面</td><td>—</td><td>0.7</td></tr>
</table>

注:1. 表中不包括直埋敷设蒸汽管道与建筑物(构筑物)或其他管线的最小距离的规定;

2. 当热力网管道的埋设深度大于建筑物(构筑物)基础深度时,最小水平净距应按土壤内摩擦角计算确定;

3. 热力网管道与电力电缆平行敷设时,电缆处的土壤湿度与月平均土壤自然温度比较,全年任何时候对于电压 10 kV 的电缆不高出 10 ℃,对于电压 35～110 kV 的电缆不高出 5 ℃时,可减小表中所列距离;

4. 在不同深度并列敷设各种管道时,各种管道间的水平净距不应小于其深度差;

5. 热力网管道检查室、方形补偿器壁龛与燃气管道最小水平净距亦应符合表中规定;

6. 在条件不允许时,可采取有效技术措施并经有关单位同意后,减小表中规定的距离,或采用埋深较大的暗挖法、盾构法施工。

表 3.2 地上敷设热力网管道与建筑物(构筑物)或其他管线的最小距离 (单位:m)

<table>
<tr><th colspan="2">建筑物、构筑物或管线名称</th><th>最小水平净距</th><th>最小垂直净距</th></tr>
<tr><td colspan="2">铁路钢轨</td><td>轨外侧 3.0</td><td>轨顶一般 5.5
电气铁路 6.55</td></tr>
<tr><td colspan="2">电车钢轨</td><td>轨外侧 2.0</td><td>—</td></tr>
<tr><td colspan="2">公路边缘</td><td>1.5</td><td>—</td></tr>
<tr><td colspan="2">公路路面</td><td>—</td><td>4.5</td></tr>
<tr><td rowspan="6">架空输电线(水平净距:导线最大风偏时。垂直净距:热力网管道在下面交叉通过导线最大垂度时)</td><td><1 kV</td><td>1.5</td><td>1.0</td></tr>
<tr><td>1 kV～10 kV</td><td>2.0</td><td>2.0</td></tr>
<tr><td>35 kV～110 kV</td><td>4.0</td><td>4.0</td></tr>
<tr><td>220 kV</td><td>5.0</td><td>5.0</td></tr>
<tr><td>330 kV</td><td>6.0</td><td>6.0</td></tr>
<tr><td>500 kV</td><td>6.5</td><td>6.5</td></tr>
<tr><td colspan="2">树冠</td><td>0.5(到树中不小于 2.0)</td><td>—</td></tr>
</table>

(2)经济上合理。

供热管网主干线应尽量布置在热负荷集中的地区,应力求管线短而直,减少金属的耗量。要注意管道上阀门(分段阀、分支管阀、放水阀、放气阀等)和附件(补偿器和疏水器等)应合理布置。阀门和附件通常设在检查室内(地下敷设时)或检查平台上(地上敷设时),应尽可能减少检查室和检查平台的数量。管网应尽量避免穿过铁路、交通主干线和繁华街道,一般平行于道路中心线并尽量敷设在车行道以外的地方。

(3)注意对周围环境的影响。

供热管道不应妨碍市政设施的功用及维护管理,不影响环境美观。

根据上述要求确定的供热管网应标注在地形平面图上。

3. 供热管道的敷设

供热管道的敷设可分为地上敷设和地下敷设两大类。地上敷设是指将供热管道敷设在地面上一些独立的或桁架式的支架上,故又称架空敷设。地下敷设分为地沟敷设和直埋敷设,地沟敷设是指将管道敷设在地下管沟内,直埋敷设是指将管道直接埋设在土壤里。

(1)地上敷设。

地上敷设多用于城市边缘,无居住建筑的地区和工业厂区。地上敷设按支承结构高度的不同分为低支架敷设、中支架敷设和高支架敷设。

①低支架敷设。管道保温结构底部距地面的净高不小于 0.3 m,以防雨、雪的侵蚀。支架一般采用毛石砌筑或混凝土浇筑,如图 3.3 所示。这种敷设方式建设投资较少、维护管理容易,但适用范围较小,在不妨碍交通,不影响厂区、街区扩建的地段可采用。低支架敷设大多沿工厂围墙或平行公路、铁路布置。

②中支架敷设。如图 3.4 所示，中支架敷设的管道保温结构底部距地面的净高为 2.5～4.0 m，在人行频繁，需要通行车辆的地方采用。支架一般采用钢筋混凝土浇（或预）制或钢结构。

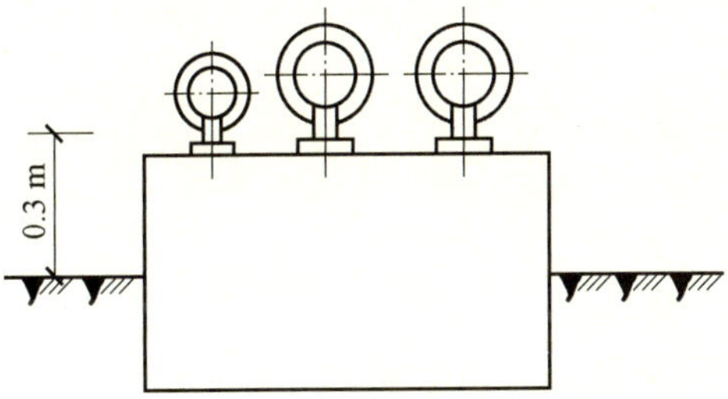

图 3.3　低支架敷设

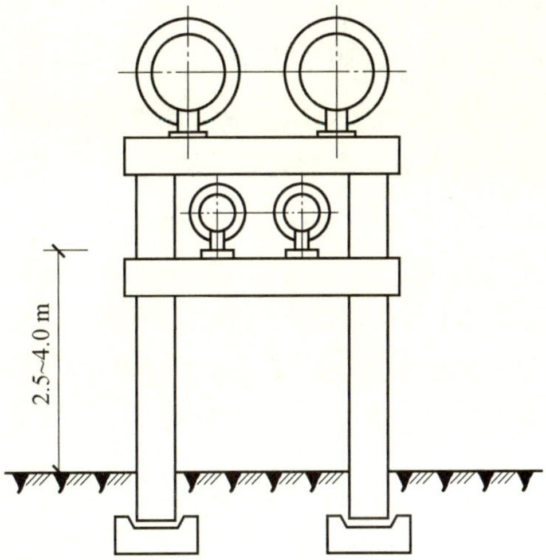

图 3.4　中支架敷设

③高支架敷设。如图 3.5 所示，高支架敷设的管道保温结构底部距地面的净高为4.5～6.0 m，在管道跨越公路或铁路时采用。支架通常采用钢结构或钢筋混凝土结构。

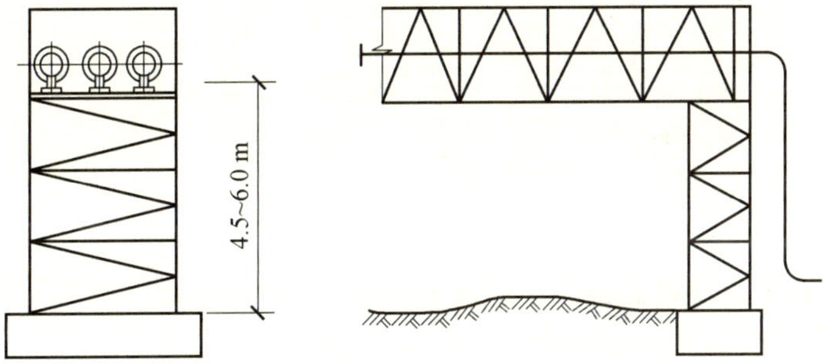

图 3.5　高支架敷设

地上敷设的管道不受地下水的侵蚀，使用寿命长，管道坡度易保证，所需的放水、排气设备少，可充分使用工作可靠、构造简单的方形补偿器，且土方量小，维护管理方便，但占地面积大、管道热损失大、不够美观。

地上敷设适用于地下水位高、地下土质为湿陷性黄土或腐蚀性土壤、沿管线地下设施密度大以及地下敷设时土方工程量太大的地区，是一种比较经济的敷设形式。

(2)地沟敷设。

为保证管道不受外力的作用和水的侵袭，保护管道的保温结构，并使管道能自由伸缩，可将管道敷设在专用的地沟内。管道的地沟底板采用素混凝土或钢筋混凝土结构，沟壁采用砖砌结构或毛石砌筑，地沟盖板为钢筋混凝土结构。供热管道的地沟按功用和结构尺寸、分为通行地沟、半通行地沟和不通行地沟。

①通行地沟。通行地沟内工作人员可自由通过,并能保证检修、更换管道和设备等作业。其土方工程量大、建设投资大,仅在特殊或必要场合采用,多用在热源出口及不允许开挖路面的地方。在地下管线密集的城市中心区,供热管道也可以与其他管道一起敷设在可通行的综合地沟内。

通行地沟的净高为 1.8～2.0 m,人行通道净宽不小于 0.6 m,如图 3.6 所示。沟内两侧可安装管道,地沟断面尺寸应保证管道和设备检修及换管的需要,有关规定尺寸如表 3.3 所示。通行地沟应设事故人孔,设有蒸汽管道的通行地沟,事故人孔间距不应大于 100 m;热水管道的通行地沟,事故人孔间距不应大于 400 m。整体浇筑的钢筋混凝土通行地沟每隔 200 m 宜设置一个安装孔,其长度至少应保证 6 m 长的管子进入地沟,宽度不应小于 0.6 m且应大于地沟内最大管道的外径加 0.1 m。

工作人员经常进入的通行地沟应有照明设备和良好的通风,以保证人员在管沟内工作时地沟内空气温度不超过 40 ℃。

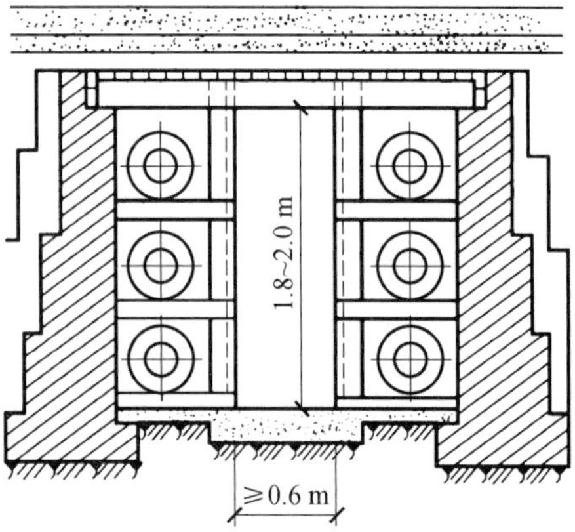

图 3.6　通行地沟

②半通行地沟。在半通行地沟内,工作人员能弯腰行走,能进行一般的管道维修工作。地沟净高不小于 1.4 m,人行通道净宽为 0.5～0.7 m,如图 3.7 所示。半通行地沟中,每隔 60 m 应设置一个检修出入口。半通行地沟敷设的有关尺寸如表 3.3 所示。

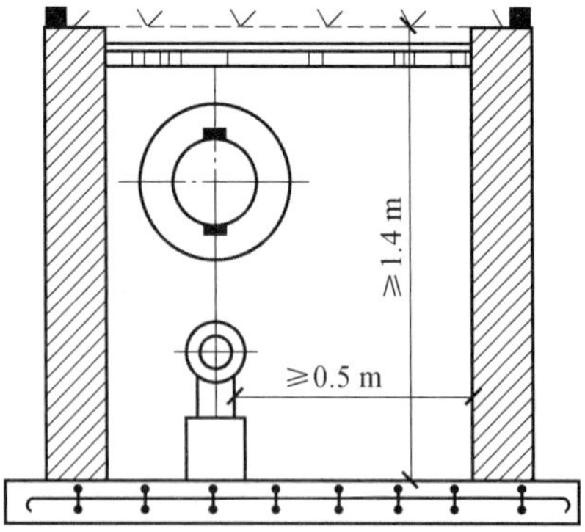

图 3.7　半通行地沟

表 3.3 地沟敷设的有关尺寸 (单位:m)

管沟类型	相关尺寸					
	管沟净高	人行通道宽	管道保温表面与沟墙净距	管道保温表面与沟顶净距	管道保温表面与沟底净距	管道保温表面间的净距
通行地沟	≥1.8	≥0.6*	≥0.2	≥0.2	≥0.2	≥0.2
半通行地沟	≥1.2	≥0.5	≥0.2	≥0.2	≥0.2	≥0.2
不通行地沟	—	—	≥0.1	≥0.05	≥0.15	≥0.2

注:* 指当必须在沟内更换钢管时,人行通道宽度还不应小于管子外径加 0.1 m。

③不通行地沟。如图 3.8 所示,设不通行地沟时,人员不能在沟内通行,其断面尺寸以满足管道施工安装要求来决定,如表 3.3 所示。管道的中心距离,应根据管道上阀门或附件的法兰盘外缘之间的最小操作净距离的要求确定。当沟宽超过 1.5 m 时,可考虑采用双槽地沟。不通行地沟造价较低,占地较小,是城镇供热管道经常采用的地沟敷设方式,但管道检修时必须掘开地面。

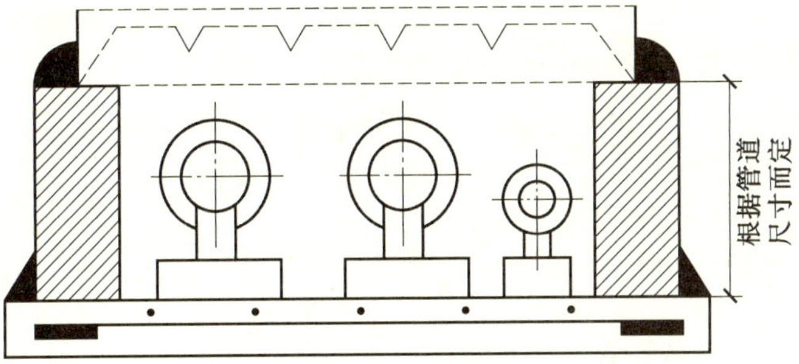

图 3.8 不通行地沟

供热管道地沟内积水时,极易破坏保温结构,增大散热损失,腐蚀管道,缩短使用寿命。管道地沟底应敷设在最高地下水位以上,地沟内壁表面应用防水砂浆抹面,地沟盖板之间、盖板与沟壁之间应用水泥砂浆或沥青封缝。尽管地沟是防水的,但含在土壤中的自然水分会通过盖板或沟壁渗入沟内,蒸发后使沟内空气饱和,当湿空气在地沟内壁面上冷凝时,就会产生凝结水并沿壁面下流到沟底,因此地沟应有纵向坡度,以使沟内的水流入检查室内的集水坑里,坡度和坡向通常与管道的坡度和坡向相同(坡度不得小于 0.002)。如果地下水位高于沟底,则必须采取防水或局部降低地下水位的措施。为减小外部荷载对地沟盖板的冲击,使盖板受力均匀,盖板上的覆土厚度不得小于 0.3 m。地沟内热力管道的分支处装有阀门、仪表、疏排水装置、除污器等附件时,应设置检查井或人孔。在热力管沟内严禁敷设易燃易爆、易挥发、有毒、腐蚀性的液体或气体管道。必须穿越地沟时,应加装防护套管。

(3)直埋敷设。

直埋敷设是将管道直接埋设在土壤里,管道保温结构外表面与土壤直接接触的敷设方式。此种敷设方式要求管道保温结构具有低的导热系数、高的耐压强度和良好的防火性能。在补偿器、阀门等易损部件处,应设置检查井。

在热水供热管网中,直埋敷设通常采用的方式是供热管道、保温层和保护外壳三者紧密黏结在一起,形成整体式的预制保温管结构型式,如图 3.9 所示。

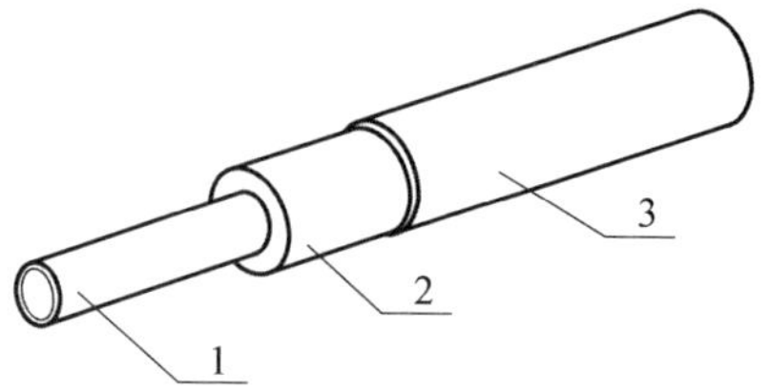

图 3.9　预制保温管

1—供热管道；2—保温层；3—保护外壳

预制保温管（也称"黑夹克管"）的保温层多采用聚氨酯硬质泡沫塑料作为保温材料。聚氨酯硬质泡沫塑料的密度小、导热系数小、保温性能好、吸水性弱，并且有足够的机械强度，但耐热温度不高。预制保温管保护外壳多采用高密度聚乙烯。高密度聚乙烯保护外壳具有较高的机械性能，耐磨损，抗冲击性能较好，化学稳定性好，具有良好的耐腐蚀和抗老化性能，可以焊接，便于施工。预制保温管一般在工厂预制，现场安装。

预制保温管可以在工厂预制或现场制造，预制保温管的两端留有约 200 mm 长的裸露钢管，以便在现场管线的沟槽内焊接，最后在接口处作保温处理。整体式预制保温管直埋敷设如图 3.10 所示，施工安装时在管道沟槽底部要预先铺约 100～150 mm 粗砂砾夯实，管道四周填充砂砾，填砂高度约 100～200 mm，之后再回填原土并夯实。

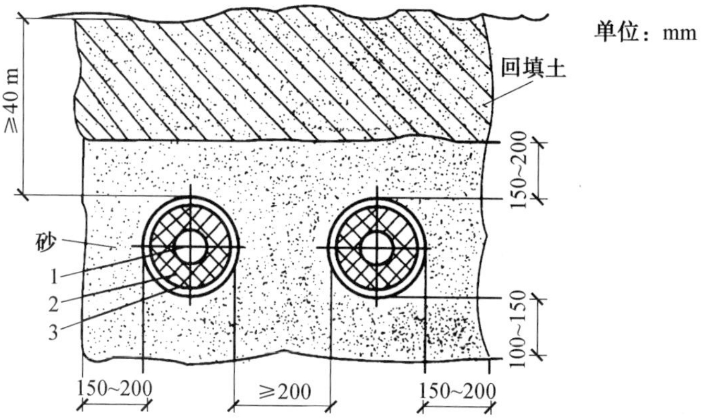

图 3.10　整体式预制保温管直埋敷设

1—钢管；2—聚氨酯硬质泡沫塑料保温层；3—高密度聚乙烯保护外壳

整体式预制保温管直埋敷设与地沟敷设相比有如下特点。

①不需要砌筑地沟，土方量及土建工程量减小，管道可以预制，现场安装工作量减少，施工进度快，可节约供热管网的投资成本。

②占地小，易与其他地下管道的设施相协调。

③整体式预制保温管严密性好，水难以从保温材料与钢管之间渗入，管道不易腐蚀。

④预制保温管受到土壤摩擦力约束的特点，实现了无补偿直埋敷设方式。在管网直管段上可以不设置补偿器和固定支座，简化了系统，节约了成本。

⑤聚氨酯保温材料导热系数小，供热管道的散热损失小于地沟敷设。

⑥预制保温管结构简单，采用工厂预制，易于保证工程质量。

3.2 集中供热系统管件

1. 调节控制设备(阀门)的作用

阀门是用来开闭管路和调节输送介质流量的设备。

2. 截止阀的作用及构造特点

截止阀是启闭件(阀瓣)沿阀座中心线移动的阀门,在管路中主要起切断作用,关闭时严密性较好,但阀体长,介质流动阻力大,调节性能不好,不适用于调节流量,产品公称直径一般不大于200 mm。截止阀按结构的不同可分为直通式、直角式和直流式(斜杆式)三种;按连接方式分内螺纹截止阀、外螺纹截止阀、法兰截止阀、卡套式截止阀;按阀杆螺纹的位置可分为明杆截止阀和暗杆截止阀。图3.11所示为常用的直通式截止阀。

3. 闸阀的作用及构造特点

闸阀的启闭件(闸板)沿通路中心线的垂直方向移动,在管路中主要起切断作用,其调节性能不好,不适用于调节流量。闸阀关闭时,严密性不如截止阀好,但阀体短,介质流动阻力小,常用于公称直径大于200 mm的管道上。闸阀的结构型式有明杆(开启时,阀杆伸出手轮,从阀杆的外伸长度就能识别出阀门的开启程度,阀杆不与输送介质相接触)和暗杆;按连接方式分为螺纹闸阀和法兰闸阀;按闸板的形状分为楔式闸板与平行式闸板;按闸板的数目分为单板和双板。

图3.12所示为明杆平行式双板闸阀,其结构简单,密封性能差,适用于压力不超过1.0 MPa,温度不超过200 ℃的介质。

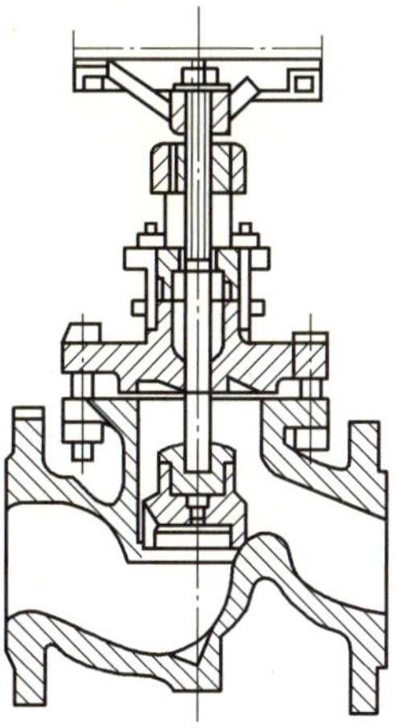

图3.11 直通式截止阀

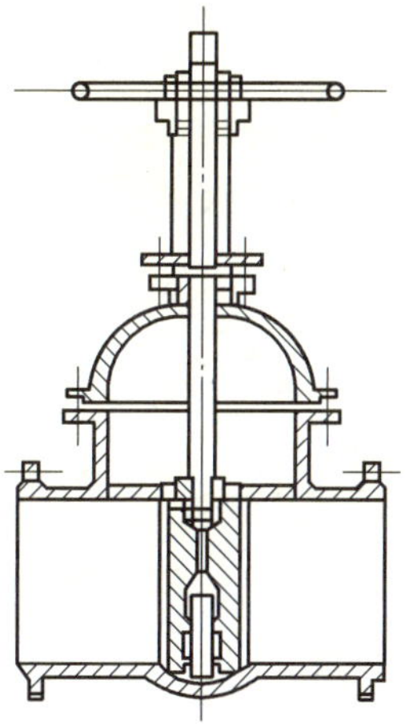

图3.12 明杆平行式双板闸阀

4. 蝶阀的作用及构造特点

蝶阀是阀板在阀体内沿垂直于管道轴线的固定轴旋转的阀门,当阀板与管道轴线垂直时,阀门全闭;当阀板与管道轴线平行时,阀门全开。蝶阀结构简单、质量轻、外形尺寸小,流动阻力小,全开时,阀座通道有效流通面积较大,启闭较省力,调节性能稍优于截止阀和闸阀,但造价高。蝶阀结构示意图如图 3.13 所示。

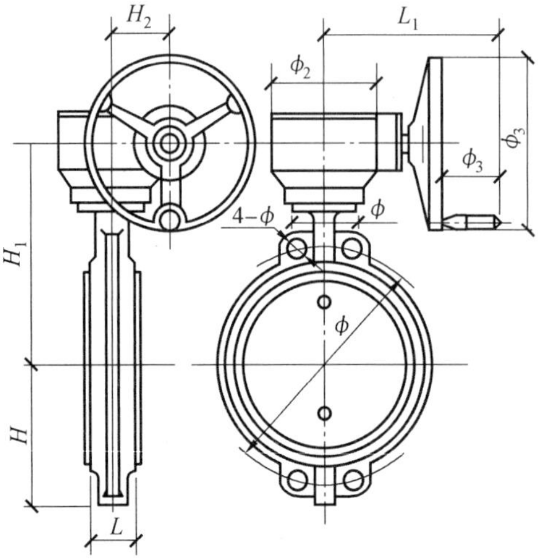

图 3.13　蝶阀结构示意图

截止阀、闸阀和蝶阀可用法兰、螺纹或焊接连接方式,传动方式有手动传动(小口径)、齿轮传动、电动、液动和气动等。公称直径大于或等于 600 mm 的阀门,应采用电动驱动装置。

5. 止回阀(逆止阀)的作用及构造特点

止回阀用来防止管道或设备中的介质倒流,它是利用介质本身流动而自动启闭阀瓣的阀门。在供热系统中,止回阀常设在水泵的出口、疏水器的出口管道以及其他不允许流体反向流动的地方。

常用的止回阀有旋启式止回阀和升降式止回阀两种。旋启式止回阀阀瓣绕阀座外的销轴旋转,介质的流动方向基本没有改变,介质的流通面积较大,因此其阻力比升降式止回阀小,但密封性能较升降式止回阀差些,一般多用在垂直管道上,介质自下而上流动或大直径的管道,如图 3.14 所示。升降式止回阀密封性能较好,但只能安装在水平管道上,一般多用于公称直径小于 200 mm 的水平管道上,如图 3.15 所示。

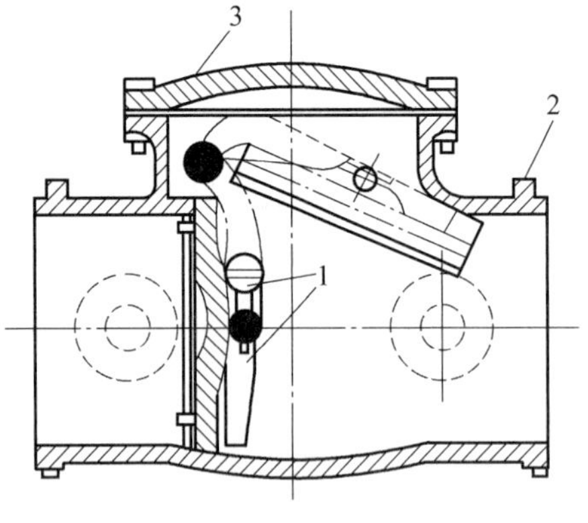

图 3.14　旋启式止回阀

1—阀瓣;2—主体;3—阀盖

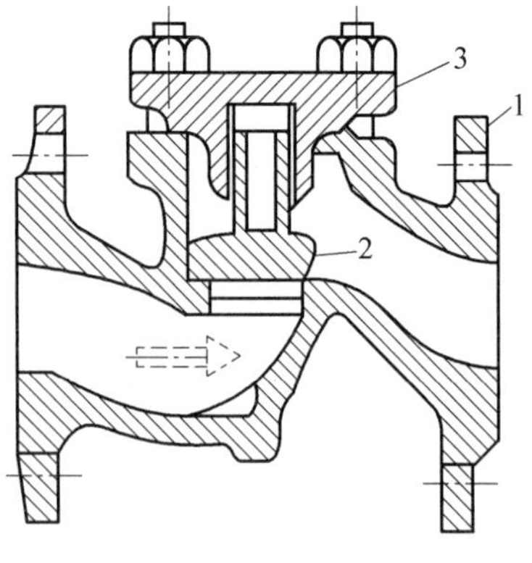

图 3.15　升降式止回阀

1—阀体;2—阀瓣;3—阀盖

6. 平衡阀的作用及构造特点

平衡阀属于手动调节阀，调节阀阀瓣呈锥形，通过转动手轮调节阀瓣的位置可以改变阀瓣与阀体通径之间所形成的缝隙面积，从而调节介质流量。阀体上有开度指示、开度锁定装置及两个测压小阀，具有流量测量、流量设定、关断和泄水等功能。

(1)自力式流量调节阀。

自力式流量调节阀也称流量限制器、流量调节器、定流量阀等，是无须外加能量即可工作的比例调节器。通过手动调节可使阀门流量调至设计流量。当阀前后压差偏离设计值时，阀门自动调节机构可以移动阀锥而使阀前后压差趋于恒定，从而保持流量不变。

如图 3.16 所示，双座自力式流量调节阀在结构上分为两个部分：一个是相当于静态平衡元件的手动的可调孔板(包括 7、8、9 的流量设定调节阀)，另一个是相当于动态平衡元件的自动的可调孔板(由两个自动阀瓣 5 及弹簧 2、膜片 3、自动阀杆 4 组成)。

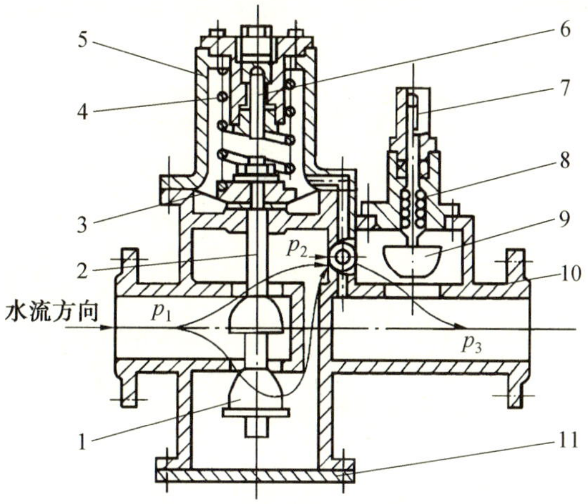

图 3.16 双座自力式流量调节阀

1—自动阀瓣；2—自动阀杆；3—膜片；4—弹簧；5—弹簧罩；6—顶杆；
7—流量刻度尺；8—手动阀杆；9—手动阀瓣；10—阀体；11—下盖

(2)自力式压差控制阀。

自力式压差控制阀也称定压差阀、压差调节器等，是以控制系统压差恒定为目的的自力式比例调节器。当系统压差升高时，阀芯关小，当系统压差降低时，阀芯开大。调节器可以使超量的压差减小，直至达到预设定值。自力式压差控制阀需安装在回水管路上，压力感应元件须与毛细管相连通并通过毛细管与进水管相连。毛细管不可安装在进水管的底部，并应避免粉尘微粒堵住毛细管。自力式压差控制阀安装之前，必须将管网清洗干净，并在阀前安装过滤器。自力式压差控制阀属于动态类调节阀，如图 3.17 所示。

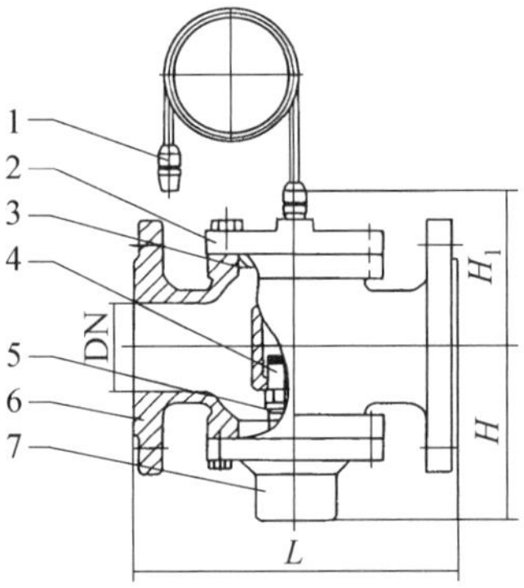

图 3.17　自力式压差控制阀

1—连接管(接头);2—上盖;3—膜片;4—阀芯;5—弹簧;6—阀体;7—下盖

7.电磁阀的作用及构造特点

电磁阀是自动控制系统中常用的执行机构。它依靠电流通过电磁铁后产生的电磁吸力来操纵阀门的启闭,电流可由各种信号控制。常用的电磁阀有直接启闭式和间接启闭式两类。

图 3.18 所示为直接启闭式电磁阀,它由电磁头和阀体两部分组成。电磁头中的线圈 3 通电时,线圈 3 和衔铁 2 产生电磁力使衔铁 2 带动阀针 1 上移,阀孔被打开。电流切断时,电磁力消失,衔铁 2 靠自重及弹簧力下落,阀针 1 将阀孔关闭。直接启闭式电磁阀结构简单,动作可靠,但不宜控制较大直径的阀孔,通常阀孔直径在 3 mm 以下。

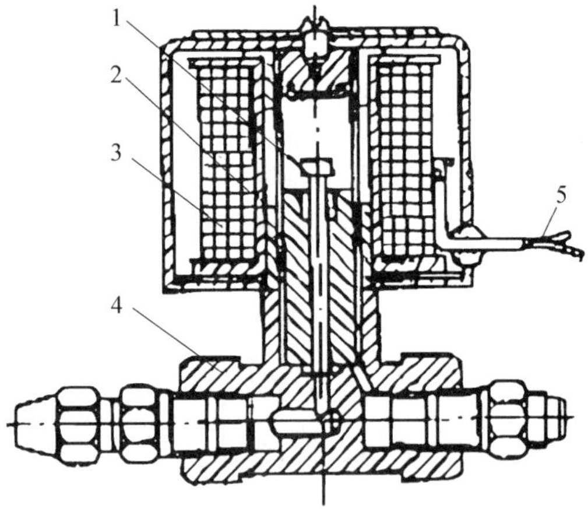

图 3.18　直接启闭式电磁阀

1—阀针;2—衔铁;3—线圈;4—阀体;5—电源线

图 3.19 所示为间接启闭式电磁阀,大直径的阀孔常采用间接启闭式电磁阀。阀的开启过程分为两步:当电磁头中的线圈 1 通电后,衔铁 2 和阀针 3 上移,打开孔径较小的操纵孔,此时浮阀 4 上部的流体从操纵孔流向阀出口,其上部压力迅速降低,浮阀 4 在上下压力差的作用下上升,于是阀门全开。当线圈 1 断电后,阀针 3 下落,关闭操纵孔,流体通过平衡孔进

入上部空间，使浮阀 4 上下压力平衡，而后在自重和弹簧力的作用下，将阀孔关闭。当浮阀 4 发生故障时，可旋转调节杆 6，将浮阀顶开。

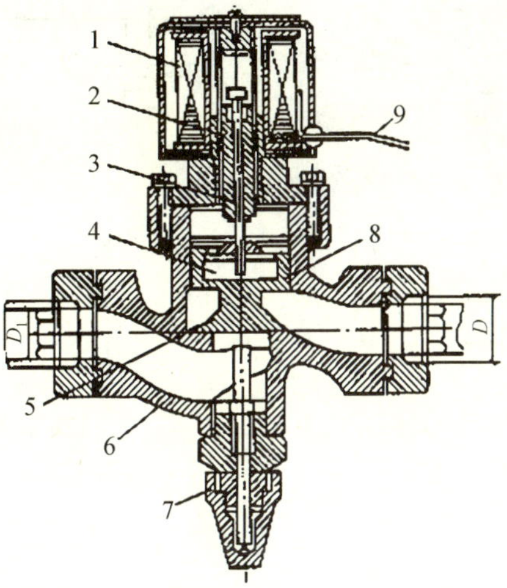

图 3.19　间接启闭式电磁阀

1—线圈；2—衔铁；3—阀针；4—操纵孔；5—浮阀；6—阀体；7—调节杆；8—平衡孔；9—电源线

3.3　集中供热系统的管道支座(架)、检查室与操作平台

1. 热力管道支架及主要形式

管道支架是指能支撑管道，并限制管道的变形和位移的一种支撑结构。管道支架是管道安装工程中的重要构件之一。除埋地管道外，管道支架制作与安装是管道安装中的第一道工序。

管道支架按对管道的约束作用不同，可分为固定支架和活动支架两大类；按结构形式可以分为托架、吊架和管卡三种。其中，固定支架常用的有夹环式固定支架、焊接角钢固定支架、曲面槽固定支架和挡板式固定支架；活动支架常用的有滑动支架、导向支架、滚动支架及悬吊支架。

2. 固定支架的作用及构造特点

固定支架主要用于固定管道，均匀分配补偿器之间管道的伸缩量，保证补偿器正常工作。由于在固定支架之间的管段被牢牢地固定住，不能有任何位移，管道只能在两个固定支架间伸缩，因此，固定支架不仅承受管道、附件、管内介质及保温结构的质量，同时还承受管道因温度、压力的影响而产生的轴向伸缩推力和变形应力，并将这些力传到支承结构上去，所以固定支架必须有足够的强度。常用的固定支架如图 3.20 所示。

3. 活动支架的作用、形式及构造特点

活动支架直接承受管道及保温结构的质量，并允许管道在温度作用下，沿管轴线自由伸缩。活动支架的类型较多，有滑动支架、导向支架、滚动支架、悬吊支架等。

(1)滑动支架。

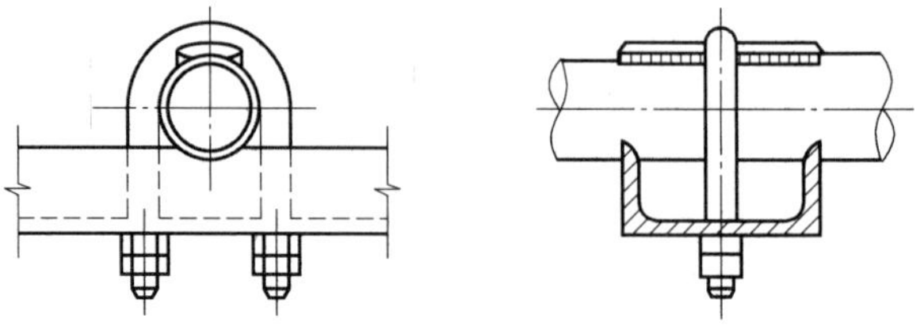

(a) 夹环式固定支架

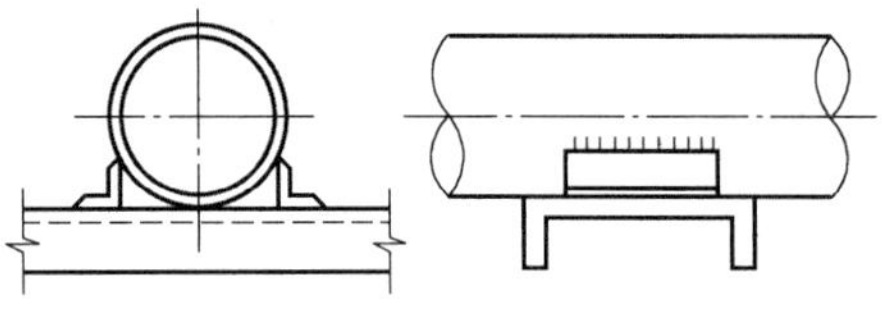

(b) 焊接角钢固定支架

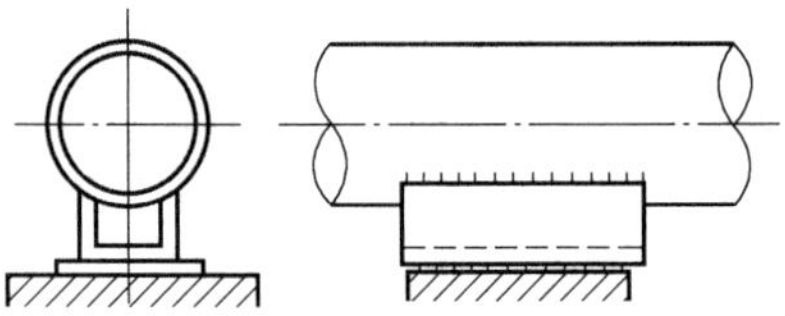

(c) 曲面槽固定支架

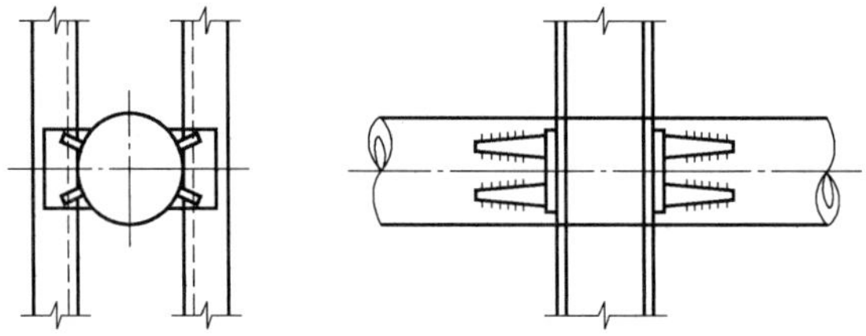

(d) 挡板式固定支架

图 3.20　常用的固定支架

滑动支架是能使管子与支架结构间自由滑动的支架，由安装(采用卡箍或焊接方式)在管子上的钢制管托与下面的支承结构构成，可以分为低支架和高支架。前者适用于室外不保温管道，后者适用于室外保温管道。

低支架按结构又分为卡环式和弧形板式两种。图 3.21 所示为卡环式低滑动支架，用圆钢煨制 U 形管卡，一端套丝固定，另一端不套丝；图 3.22 所示为弧形板式低滑动支架，在管壁与支承结构间垫上弧形板，并与管壁焊接，当管子伸缩时，弧形板在支承结构上来回滑动。

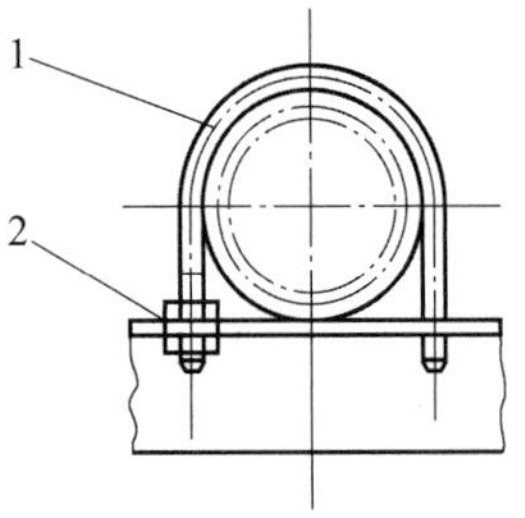

图 3.21　卡环式低滑动支架

1—管卡；2—螺母

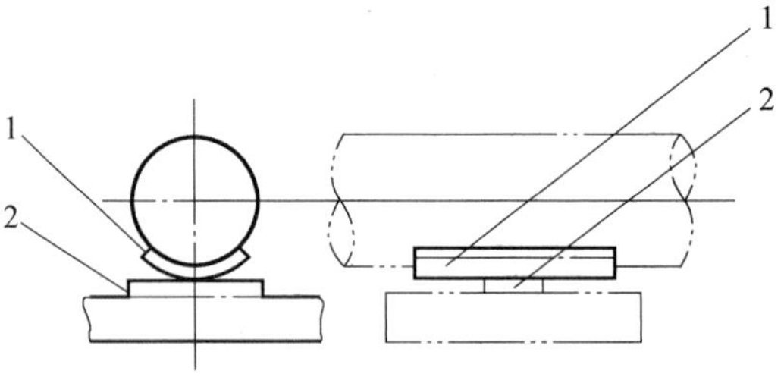

图 3.22　弧形板式低滑动支架

1—弧形板；2—托架

高支架利用焊在管道上的高支座在支承结构上滑动来防止管道移动摩擦损坏保温层，其结构如图 3.23 所示。

(2)导向支架。

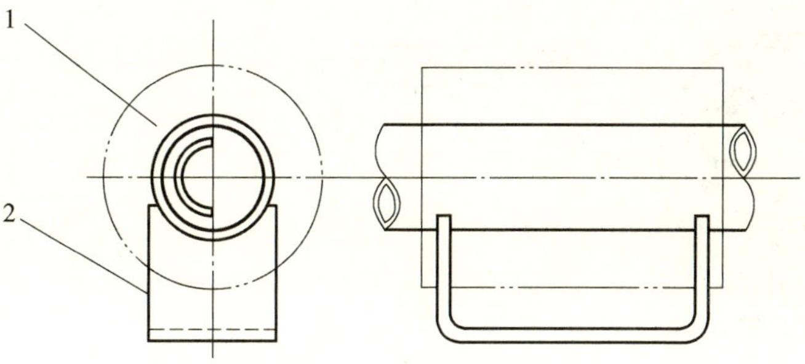

图 3.23 高滑动支架
1—绝热层；2—管子托架

导向支架是滑动支架的一种，主要是为使管道在支架上滑动时，不至于偏离管轴线而设置的，一般设置在补偿器、铸铁阀门两侧。导向支架一般只允许管道有轴向位移，而不允许有径向位移。导向支架以滑动支架为基础，在滑动支架两侧的横梁上各焊上一块导向板，如图 3.24 所示。导向板通常采用扁钢或角钢，导向板长度与支架横梁的宽度相等，导向板与滑动支座间应有 3 mm 的空隙。

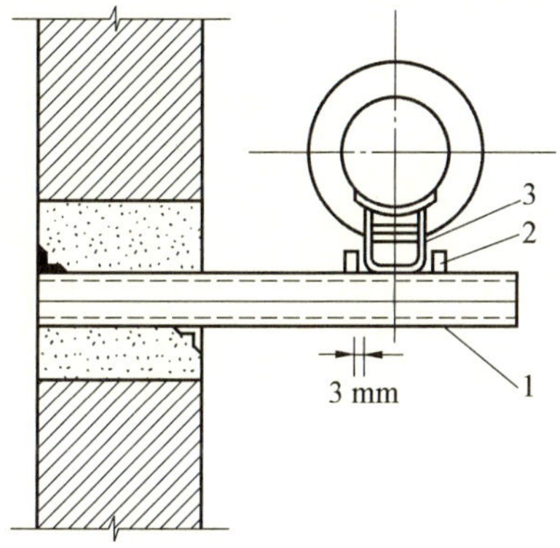

图 3.24 导向支架
1—支梁；2—导向板；3—支座

(3)滚动支架。

滚动支架在管道滑托与支架之间加入滚柱或滚珠，使管道与支架之间的相对运动为滚动，以滚动摩擦代替滑动摩擦来减少管道热伸缩时的摩擦力。滚动支架可分为滚柱支架和滚轴支架两种。滚柱支架用于直径较大而无横向位移的管道；滚轴支架用于介质温度较高、管径较大而无横向位移的管道，如图 3.25 所示。

(4)悬吊支架。

悬吊支架结构简单、摩擦力小，可分为普通吊架和弹簧吊架。普通吊架主要用于伸缩量较小的管道，管道在运行过程中，由于各点的热变形量不同，因此各悬吊支架的偏移幅度也不一样，会使管道产生扭曲，如图 3.26 所示；如果管道有垂直位移，而又不允许产生扭曲，则可采用弹簧吊架，弹簧吊架适用于伸缩性和振动性较大的管道，如图 3.27 所示。

因悬吊支架管道有易产生扭曲的特点，所以选用补偿器时应加以注意。例如，只能选用可抗扭曲的方形补偿器，而不能选用套管补偿器。

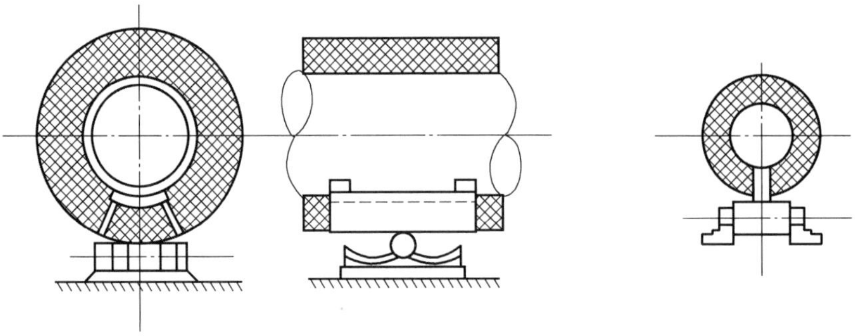

(a) 滚柱支架　　(b) 滚轴支架

图 3.25　滚动支架

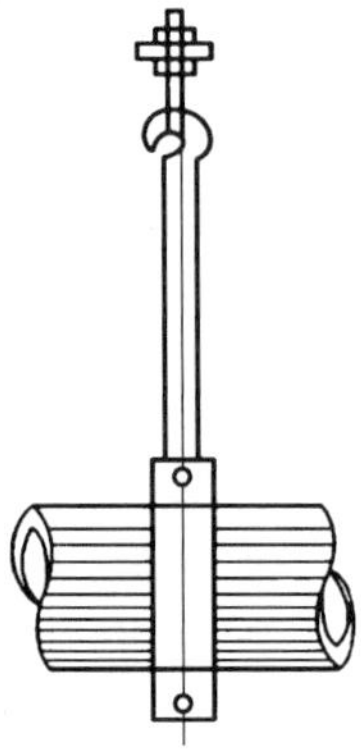

图 3.26　普通吊架

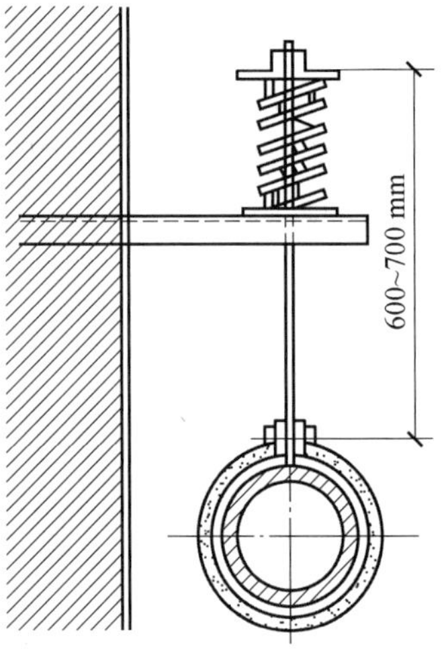

图 3.27　弹簧吊架

4. 管道支架的选用原则

(1)管托一般与管道焊接，支架一般与支撑件焊接，管托常与支架组合使用，滑动、导向支架和管托一般需限位，管托无论是否保温都可以分为滑动、固定、导向三种，不管选择哪一种，管托是不变的，只是管托与钢结构或支架的连接上有改变。

(2)水平敷设在支架上的有隔热层的管道应设置管托，当管道热胀量超过 100 mm 时，应选用加长管托。

(3)管道的支承点在垂直方向无位移时可采用刚性支吊架；有位移时应采用可变弹簧支吊架；位移量大时应采用恒力弹簧支吊架。

(4)下列情况不宜采用焊接型管托和吊托支架：

①介质温度≥400 ℃的碳钢管道；

②输送冷冻介质的管道；

③输送浓碱液的管道；

④合金钢管道；

⑤生产中需要经常拆卸检修的管道；

⑥不易焊接施工和不宜与管托、支架直接焊接的管道。

(5)允许管道有轴向位移，而对横向位移需要加以限制时，在下列情况下应设置导向支架：

①安全阀出口的高速放空管道和可能产生振动的两相流管道；

②横向位移过大可能影响邻近管道时，或固定支架之间的距离过长，可能产生横向不稳定时；

③为防止法兰和活接头泄漏要求管道不宜有过大的横向位移时；

④方型补偿器两侧的管道上应设导向支架，其位置距补偿器弯头宜为管道公称直径的40倍；

⑤导向支架不宜设置在靠近弯头和支管的连接处。

(6)需要限制管道位移量时，应设置限位支架。

(7)直接与设备相接或靠近设备管口的 DN≥150 mm 的水平安装的阀门应考虑支撑。

(8)靠近弯头的地方最好用滑动支架，一般位置要大于 6 倍的管道直径，管道的两个膨胀节之间要用固定支架。

(9)表 3.4 所示为由固定点起，允许不装补偿器的直管段的最大长度，该表同时适用于带有支管的干管，固定点指固定支架节点处。

表 3.4　由固定点起，允许不装补偿器的直管段的最大长度(m)

建筑物性质	热水温度/℃												
	60	70	80	90	95	100	110	120	130	140	143	151	158
	蒸汽压力/MPa												
	—	—	—	—	—	—	0.05	0.1	0.18	0.27	0.3	0.4	0.5
民用建筑	55	45	40	35	33	32	30	26	25	22	22	22	—
工业建筑	65	57	50	45	42	40	37	32	30	27	27	27	25

(10)当受热管段本身弯曲部件的补偿能力不能满足要求时，在管道中必须设置补偿装置，其固定支架间的最大间距如表 3.5 所示。

表 3.5　热力管道固定支架间的最大间距

管道公称直径 DN/mm		25	32	40	50	70	80	100	125	150	200	250	300	350	400	450	500	600
方形补偿器	地沟或架空敷设/m	30	35	45	50	55	60	65	70	80	90	100	115	130	145	160	180	200
	无地沟敷设/m	—	—	45	50	55	60	65	70	70	90	90	110	110	110	125	125	125

5. 集中供热系统的检查室

在《城镇供热管网设计标准》中明确规定："地下敷设管道安装套筒补偿器、波纹补偿器、阀门、放水和除污装置等设备附件时，应设检查室。"这里所说的检查室即检查井，对热力管道系统起到监控、检查、维护以及保证系统安全运行的重要作用，检查室还用来汇集和排除渗入地沟或由管道放出的网路水。检查室的结构尺寸应根据管道的根数、管径、阀门及附件的数量和规格大小确定，既要考虑维护操作方便，又要尽可能地紧凑。

6. 集中供热系统的检查井

热力管道系统中设置的检查井按功能可分为管阀布置井、补偿装置安装井、泄水放气专用井。

管阀布置井多布置在输配干管设置的分段阀或分支管接出处。在井内的干管、分支管上根据不同的载热体分别装有阀门、仪表、疏水系统、泄水放气装置等。

补偿装置安装井一般用于安装波纹补偿器或套筒补偿器。由于在城市热力管道系统中，补偿方式只能选用与管道一致的轴向型补偿器(即波纹补偿器和套筒补偿器)，为了保证补偿器与管道的同心度，消除垂直于补偿装置的侧向外力，不宜在该类型井内引出支管。

泄水井、放气井是室外地下敷设热力管道系统中布置的另外一种专用检查井。在系统运行中空气从放气井中设置的放气阀排出。泄水井的作用对不同的管道是不同的，对热水管道通常是在检修时将水排干净，以便检修；对蒸汽管道则是将运行中产生的凝结水排除，以防止在管道内形成水击。

7. 检查井设置原则

(1)净空高度不应小于 1.8 m；人行通道宽度不应小于 0.6 m；干管保温结构表面与检查室地面距离不应小于 0.6 m。

(2)检查室人孔直径不小于 0.7 m，人孔数量不少于 2 个，并应对角布置。人孔应尽量避开检查室内的设备，当检查室净空面积小于 4 m^2时，可只设一个人孔；在每个人孔处，应装设梯子或爬梯，以便工作人员出入。

(3)检查室内至少设一个集水坑，尺寸不小于 0.4 m×0.4 m×0.5 m(长×宽×深)，位于人孔的下方。检查室地面应坡向集水坑，其坡度为 0.01。检查室地面低于地沟内底应不小于 0.3 m。

(4)检查室内装有电动阀门时，应采取措施，保证安装地点的空气温度、湿度满足电气装置的技术要求；公称直径大于或等于 300 mm 的阀门应设支承。

(5)检查室内爬梯高度大于 4 m 时应设护栏或在爬梯中间设平台。当检查室内需更换的设备、附件不能从人孔进出时，应在检查室顶板上设安装孔。安装孔的尺寸和位置应保证需更换设备的出入和便于安装。

(6)所有分支管路在检查室内均应装设关断阀和排水管，以便当支线发生事故时能及时切断管路，并将管道中的积水排除。检查室盖板上的覆土深度不得小于 0.3 m。检查室布置图例如图 3.28 所示。

架空敷设的中、高支架敷设的管道，在安装阀门、排水、放气、除污装置的地方应设操作平台，操作平台的尺寸应保证维修人员操作方便，平台周围应设防护栏杆。检查室或操作平台的位置及数量应在管道平面定线和设计时一起考虑，在保证安全运行和检修方便的前提下，尽可能减少其数目。

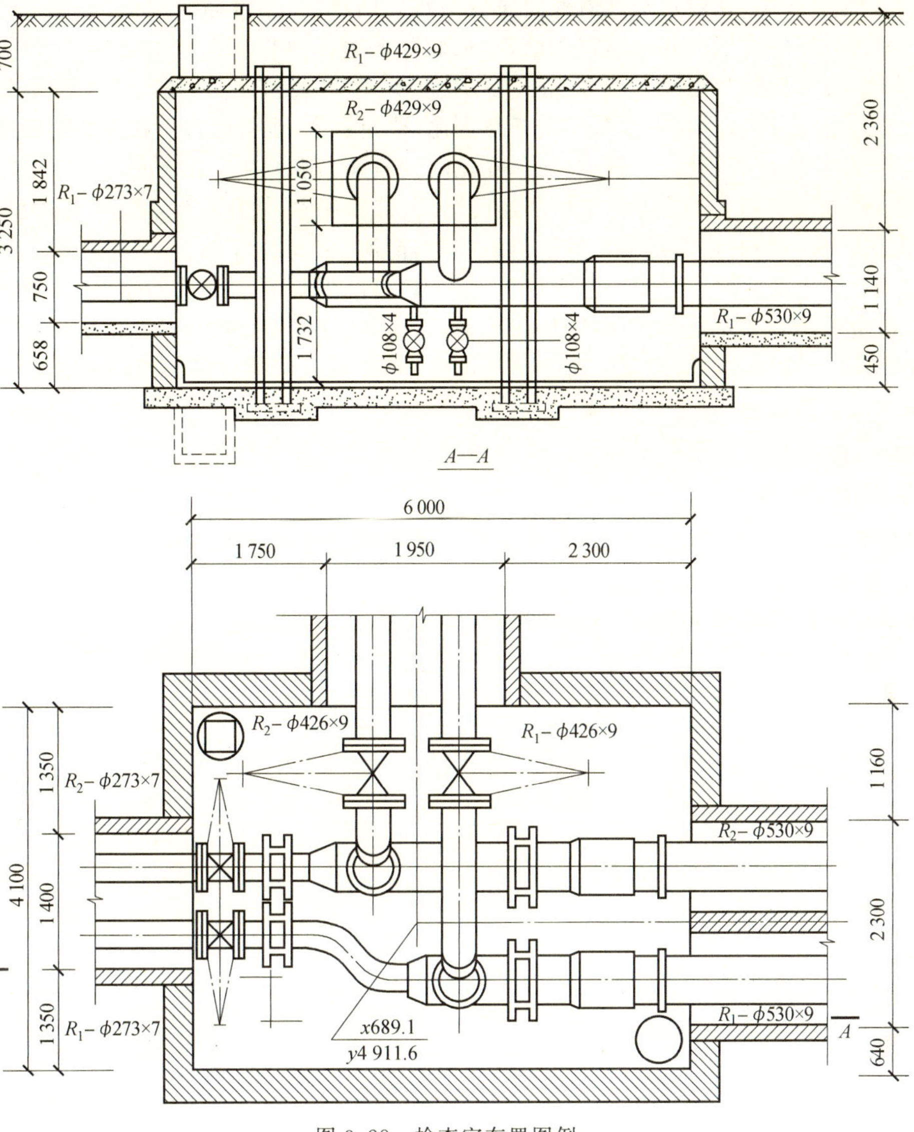

图 3.28　检查室布置图例

3.4　集中供热系统管道的施工安装

1. 集中供热系统管道的保温

绝热，俗称保温，工程上分为保温绝热和保冷绝热，保温绝热是指减少系统内介质的热能向外界环境传递；保冷绝热是指减少环境中的热能向系统内的介质传递。

保温绝热层和保冷绝热层本身没什么区别。但由于热量传递的方向不同和应用的温度范围不同，其使用性质产生了质的差别，因此在结构构造上也有所不同，应引起施工作业的重视。

热量传递过程中，存在温度场的空间，也同时存在水蒸气的分压力场。伴随热量传递的同时，也有水蒸气的渗流，其方向与热量的传递方向相同，但应用的温度范围不同时，水蒸气产生的物态变化就有根本的区别。保冷绝热层内：水蒸气正好处在气态、液态（水）和固态

(冰)的温度变化范围内,随着水蒸气由外向保冷绝热层内渗流,温度越来越低,可能达到露点甚至冰点,在保冷绝热层内就会结露和结霜,从而降低绝热效果和破坏绝热层。因此,作为保冷绝热层,必须在绝热层外设防潮隔汽层,阻止水蒸气向绝热层内渗流。保温绝热层内:由于介质的温度较高,不存在水蒸气的三态变化,即使发生,也只能发生在系统间歇工作时(如系统的启动、停止等不稳定传热期间),变化时间较短,而且随着系统进入稳定运行状态,水蒸气总是处在气态下不会发生上面所述的结露、结霜现象,故作为保温绝热层,无须设置防潮隔汽层。保温层的作用是减少能量损失、节约能源,提高经济效益,保障介质的运行参数,满足用户生产生活要求。对保温绝热层来说,还可降低保温层外表面温度,改善环境工作条件、避免烫伤事故发生;对保冷绝热层来说,可提高保温层外表面温度,改善环境工作条件,防止保温层外表面结露、结霜。对于寒冷地区,管道保温层能保障系统内的介质(水)不被冻结、保证管道安全运行。室外架空管道要防雨防雪,就要在保温绝热层外设防潮防水层,这时保温绝热层和保冷绝热层构造就基本相同了,统一称为绝热。

2. 保温层的设计要求

保温层能否取得令人满意的效果,关键在于保温材料的选用和保温层的施工质量。保温层的设计要求如下。

(1)散热损失低于标准热损失。管道四周的散热损失值要尽可能一致,其表面平均热流值应小于标准中规定的允许散热损失值。表 3.6 给出了最大允许热损失量。

表 3.6　最大允许热损失量

设备管道外表面温度 t/℃	隔热层表面最大允许热损失量 Q/(W·m^{-2})	
	常年运行	季节运行
50	58	116
100	93	163
150	116	203
200	140	244
250	163	279
300	186	308
350	209	—
400	227	—
450	244	—
500	262	—
550	279	—
600	296	—
650	314	—
700	330	—
750	345	—
800	360	—
850	375	—

注:《设备及管道绝热技术通则》(GB/T 4272—2024)中仅有外表面温度 50～650 ℃的数据,而且两标准相同。

(2)有足够的机械强度。绝热结构必须有足够的机械强度，要在自重的作用下或偶尔受到外力冲击时不致脱落下来。GB/T 4272—2008 规定硬质绝热制品的抗压强度不应小于 0.3 MPa。

(3)有良好的保护层(面层)，使外部的水蒸气、雨水以及潮湿泥土中的水分都不能进入绝热材料内。因为水分进入后，不仅会使绝热材料的热导率增加，还会使绝热材料变软，破坏了绝热结构的完整性，降低了机械强度，同时也增加了散热损失。

(4)绝热结构不能使管道和设备受到腐蚀。

(5)绝热结构所产生的应力不要传到管道或设备上。尤其是间歇运行的系统，温差变化较大，在考虑绝热结构时必须注意这个问题。

(6)绝热结构要简单。绝热结构简单不但可减少材料消耗，节省投资，而且也使施工方便，维修简便。

(7)设计绝热结构时要考虑管道或设备振动情况。在管道弯曲部分、管道与泵或其他转动设备相连接处，由于管道伸缩以及泵或设备产生振动，传到管道上来，绝热结构如果不牢固，时间一长就会产生裂缝，以致脱落。此时，不宜使用预制绝热材料，最好采用毡材来包扎。

(8)绝热结构的外表面应整齐美观。

(9)具有下列情况之一的设备、管道、管件、阀门等必须保温。

①外表面温度大于 50 ℃(指环境温度为 25 ℃时的表面温度)以及根据需要要求外表面温度小于或等于 50 ℃的设备和管道。

②介质凝固点高于环境温度的设备和管道或工艺生产中需要减少介质的温度降或延迟介质凝结的部位。

(10)除防烫伤要求保温的部位外，具有下列情况之一的设备和管道可不保温。

①要求散热或必须裸露的设备和管道。

②要求及时发现泄漏的设备和管道上的连接法兰。

③要求经常监测，防止发生损坏的部位。

④工艺生产中排气、放空等不需要保温的设备和管道。

(11)表面温度超过 60 ℃的不保温设备和管道，需要经常维护又无法采用其他措施防止烫伤的部位应在下列范围内设置防烫伤保温。

①距离地面或工作平台的高度小于 2.1 m。

②靠近操作平台距离小于 0.75 m。

3. 保温材料的种类和选用原则

保温材料种类繁多，工程上使用不同的保温材料时，保温层采用不同的构造形式，其施工方法也不同。

(1)保温材料的种类。

①早期的保温材料多为天然矿物和自然资源原材料，如石棉、硅藻土、软木、草绳、锯末等。这些材料一般经简单加工就可使用，其保温结构多为涂抹或填充形式。

②人工生产的保温材料有玻璃棉、矿渣棉、珍珠岩、蛭石等。这些保温材料一般为工厂生产的原料或预制半成品，其保温结构多为捆绑和砌筑形式。

③20 世纪 70 年代以来研制开发的保温材料有聚苯乙烯泡沫塑料、聚氨酯泡沫塑料、泡

沫玻璃、泡沫石棉等,其保温层的结构多为喷涂或灌注成型的形式。

(2)保温材料的选用。

管道系统的工作环境多种多样,有高温、低温、空中、地下、干燥、潮湿等。所选用的保温材料要求能适应这些条件,在选用保温材料时首先考虑其热工性能,然后还要考虑施工作业条件,如高温系统应考虑材料的热稳定性、振动管道应考虑材料的强度、潮湿的环境应考虑材料的吸湿性、间歇运行的系统应考虑材料的热容量等。保温材料的品种、规格、性能等应符合现行国家产品标准和设计要求,产品应有质量合格证明文件(出厂合格证、有资质的检测机构的检测报告等),并应符合环保要求。

在工程上,可根据保温材料适应的温度范围进行保温材料的应用分类,如表 3.7 所示,供选用参考。

表 3.7　保温材料应用温度分类

序号	介质温度/℃	绝热材料
1	0～250(常温)	酚醛玻璃棉制品,水玻璃珍珠岩制品,水泥珍珠岩制品,沥青及玻璃棉制品
2	250～350	矿渣棉制品、水玻璃珍珠岩制品、水泥珍珠岩制品、沥青及玻璃棉制品
3	350～450	矿渣棉制品、水玻璃珍珠岩制品、水泥珍珠岩制品、水玻璃蛭石制品、水泥蛭石制品
4	450～600	矿渣棉制品、水玻璃珍珠岩制品、水泥珍珠岩制品、水玻璃蛭石制品、水泥蛭石制品
5	600～800	磷酸盐珍珠岩制品、水玻璃蛭石制品
6	－20～0	酚醛玻璃棉制品、淀粉玻璃棉制品、水泥珍珠岩制品、水玻璃珍珠岩制品
7	－40～－20	聚苯乙烯泡沫塑料、水玻璃珍珠岩制品
8	－196～－40	膨胀珍珠岩制品

4. 保温结构的组成

保温结构主要由保温层、防潮层、保护层等部分组成,进行保温结构施工前还应做防锈层,外部还应做防腐及识别标志。

防锈层即管道及设备表面除锈后涂刷的防锈底漆,一般涂刷 1～2 遍。

保温层是减少能量损失,起保温保冷作用的主体层,附着于防锈层外面。目前常用的是聚氨酯硬质泡沫塑料保温层,聚氨酯硬质泡沫塑料由聚醚和多元异氰酸酯加催化剂、发泡剂、稳定剂等原料按比例调配而成。施工时,应将这些原料分成两组(A 组和 B 组)。A 组为聚醚和其他原料的混合液;B 组为异氰酸酯。只要两组混合在一起,就会起泡而生成泡沫塑料。聚氨酯硬质泡沫塑料保温工艺简单、操作方便、施工效率高、附着力强,不需要任何支撑件,没有接缝,导热系数小,吸湿率低。

防潮层防止空气中的水蒸气浸入保温层的构造层,常用沥青油毡、玻璃丝布、塑料薄膜等材料制作。沥青油毡因其过分卷折会断裂,只能用于平面或较大直径管道的防潮,而玻璃丝布能用于任意形状的粘贴,故应用广泛。

保护层保护防潮层和保温层不受外界机械损伤,保护层的材料应有较高的机械强度,常用石棉石膏、石棉水泥、玻璃丝布、塑料薄膜、金属薄板等制作。

防腐及识别标志可以保护保护层不受环境浸蚀和腐蚀，用不同颜色的油漆涂料涂抹制成，既作防腐层又作识别标志。

5. 保温结构的设计要求

保温结构的设计应符合保温效果好、施工方便、防火、耐久、美观等，基本要求如下。

(1)保温结构一般不考虑可拆卸性，但需要经常维修的部位宜采用可拆卸式的保温结构。

(2)保温结构设计必须保证其在经济寿命年限内的完整性。保温结构设计应保证其有足够的机械强度，不允许有在自重或偶然轻微外力作用下被破坏的现象发生。

(3)设备、直管道、管件等无须检修处宜采用固定式保温结构；法兰、阀门、人孔等处宜采用可拆卸式的保温结构。

(4)保温厚度宜按 10 mm 为分级单位。保温层设计厚度大于 100 mm 时，保温结构宜按双层考虑，双层的内外层缝隙应彼此错开。

(5)使用软质和半硬质保温材料时，设计应根据材料的最佳保温密度或保证其在长期运行中不致塌陷的密度而规定其施工压缩量。

(6)保温层应采取适当措施进行紧固。

(7)保护层必须切实起到保护保温层的作用，以阻挡环境和外力对保温材料的影响，延长保温结构的寿命，并使保温结构外形整齐美观。

(8)一般金属保护层应采用 0.3～0.8 mm 厚的镀锌薄钢板或防锈铝板制成外壳，壳的接缝处必须搭接以防雨水进入。

(9)玻璃布保护层一般在室内使用；石棉水泥类抹面保护层不得在室外使用。

6. 确定保温层厚度

预制直埋保温管的保温厚度可以由表 3.8 推算出来，该表所示管道为厂家直接生产的成品。

表 3.8　预制保温管规格　(单位：mm)

钢管公称直径	钢管外径×壁厚	保温管外径×壁厚	钢管公称直径	钢管外径×壁厚	保温管外径×壁厚
40	48×3	110×2.5	350	377×7	500×7.8
50	60×3.5	140×3	400	426×7	550×8.8
65	76×4	140×3	450	478×7	600×8.8
80	89×4	160×3.2	500	529×8	655×9.8
100	108×4	200×3.9	600	630×8	760×11
125	133×4.5	225×4.4	700	720×9	850×12
150	159×4.5	250×4.9	800	820×10	960×14
200	219×6	315×6.2	900	920×12	1 055×14
250	273×6	365×6.6	1 000	1 020×13	1 155×14
300	325×7	420×7			

常用热力管道的保温层厚度(热水管道)可参考表3.9确定。其他热力管道需要进行保温层厚度计算时可参考相关设计手册。

表3.9　热力管道保温层厚度(热水管道)

序号	钢管公称直径(外径)	保温层厚度/mm	外壳厚度/mm
1	DN150	30	3.5
2	DN200	40	4.5
3	DN250	40	5.5
4	DN300	40	6
5	DN350	40	6
6	DN400	50	7
7	DN450	50	8
8	DN500	50	9
9	DN600	55	10
10	DN700	55	11
11	DN800	55	14
12	DN900	55	14
13	DN1000	57	15
14	DN120	57	15

7.管道的焊接

集中供热系统管道的安装多采用焊接连接,焊接工艺应符合现行国家标准《现场设备、工业管道焊接工程施工规范》的相关规定。

管材或板材应有制造厂的质量合格证及材料质量复验报告,复验报告内容可按相关标准表的规定执行。

焊接材料应按设计规定选用,当设计无规定时应选用焊缝金属性能、化学成分与母材相应且工艺性能良好的焊接材料。

焊接施工单位应符合以下规定:

(1)应有负责焊接工艺的焊接技术人员、检查人员和查验人员;

(2)应有符合焊接工艺要求的焊接设备且性能应稳固靠得住;

(3)应有保证焊接工程质量达到标准的方法。

焊工应持有效合格证,并应在合格证准予的范围内焊接。对焊工应进行资格审查,并应按相关标准表的规定填写焊工资格备案表。

当第一次利用钢材品种、焊接材料、焊接方式和焊接工艺时,在实施焊接施前应进行焊接工艺评定。

实施焊接前应编写焊接工艺方案，并应包括以下内容：

(1)管材、板材性能和焊接材料；

(2)焊接方式；

(3)坡口形式及制作方式；

(4)焊接结构形式及外形尺寸；

(5)焊接接头的组对要求及许诺误差；

(6)焊接电流的选择；

(7)焊接质量保证方法；

(8)查验方式及合格标准。

钢管和现场制作管件，焊缝根部应进行封底焊接。封底焊接应采用气体保护焊。

焊缝位置应符合以下规定：

(1)钢管、容器上焊缝的位置应合理选择，焊缝应处于便于焊接、查验、维修的位置，并应躲开应力集中的区域；

(2)管道任何位置不得有十字形焊缝；

(3)管道在支架处不得有环形焊缝；

(4)当有缝管道对口及容器、钢板卷管相邻筒节组对时，纵向焊缝之间彼此错开的距离不该小于 100 mm；

(5)容器、钢板卷管同一筒节上两相邻纵缝之间的距离不该小于 300 mm；

(6)管道两相邻环形焊缝中心之间的距离应大于钢管外径，且不得小于 150 mm；

(7)在有缝钢管上焊接分支管时，分支管外壁与其他焊缝中心的距离应大于分支管外径，且不得小于 70 mm。

8. 管口质量查验

(1)钢管切口端面应平整，不得有裂纹、重皮等缺点，并应将毛刺、熔渣清理干净；

(2)管口加工的许诺误差应符合表 3.10 的规定。

表 3.10 管口加工的许诺误差

项目			允许偏差/mm
弯头	周长	DN≤1 000	±4
		DN≥1 000	±6
	切口端面倾斜偏差		≤外径的 1%，且≤3
异径管	椭圆度		≤外径的 1%，且≤5
三通	支管垂直度		≤高度的 1%，且≤3
钢管	切口端面垂直度		≤外径的 1%，且≤3

焊接坡口应按设计规定进行加工。当设计无规定时，坡口形式和尺寸应符合现行国家标准《现场设备、工业管道焊接工程施工规范》和表 3.11 的规定。

表 3.11　坡口形式与尺寸

序号	厚度 T /mm	坡口名称	坡口形式	坡口尺寸 间隙 c/mm	备注
1	≤14	平焊法兰与管子接头	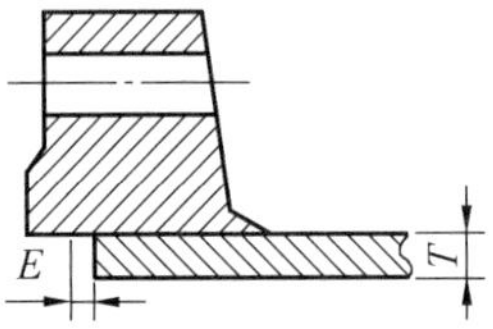	—	$E=T$（E 表示焊口宽度）
2	≤14	承插焊法兰与管子接头	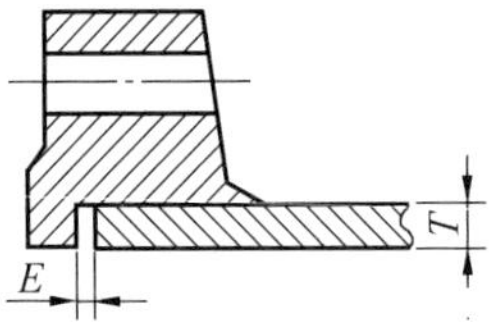	1.5	—
3	≤14	承插焊管件与管子接头	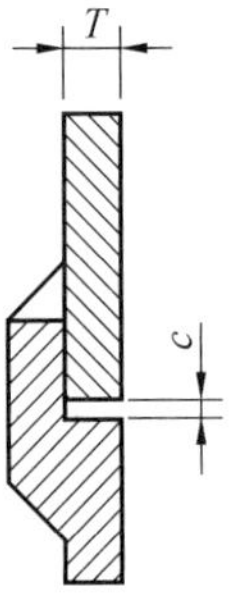	1.5	—

当外径和壁厚相同的钢管或管件对口时，对口错边量许诺误差应符合表 3.12 的规定。

表 3.12　钢管对口错边量许诺误差

管道壁厚/mm	～	6～10	12～14	≥15
错边允许偏差/mm	0.5	1.0	1.5	2.0

壁厚不等的管口对接，当薄件厚度小于或等于 4 mm，且厚度差大于 3 mm，薄件厚度大于 4 mm，且厚度差大于薄件厚度的 30%或大于 5 mm 时，应将厚件削薄（见图 3.29）。

当利用钢板制造可双面焊接的容器时，对口错边量应符合以下规定。

(1)纵向焊缝的错边量不得大于壁厚的 10%，且不得大于 3 mm。

(2)环焊缝应符合以下规定：

①当壁厚小于或等于 6 mm 时，错边量不得大于壁厚的 25%；

②当壁厚大于 6 mm 且小于或等于 10 mm 时，错边量不得大于壁厚的 20%；

③当壁厚大于 10 mm 时，错边量不得大于壁厚的 10%加 1 mm，且不得大于 4 mm。

不得采用在焊缝双侧加热延伸管道长度、螺栓强力拉紧、夹焊金属填充物和使补偿器变形等方法强行对口焊接。

对口前应检查坡口的外形尺寸和坡口质量。坡口表面应整齐、光洁，不得有裂纹、锈皮、熔渣和其他阻碍焊接质量的杂物，不合格的管口应进行修整。

潮湿或粘有冰雪的焊接件应进行清理烘干后方可进行焊接。

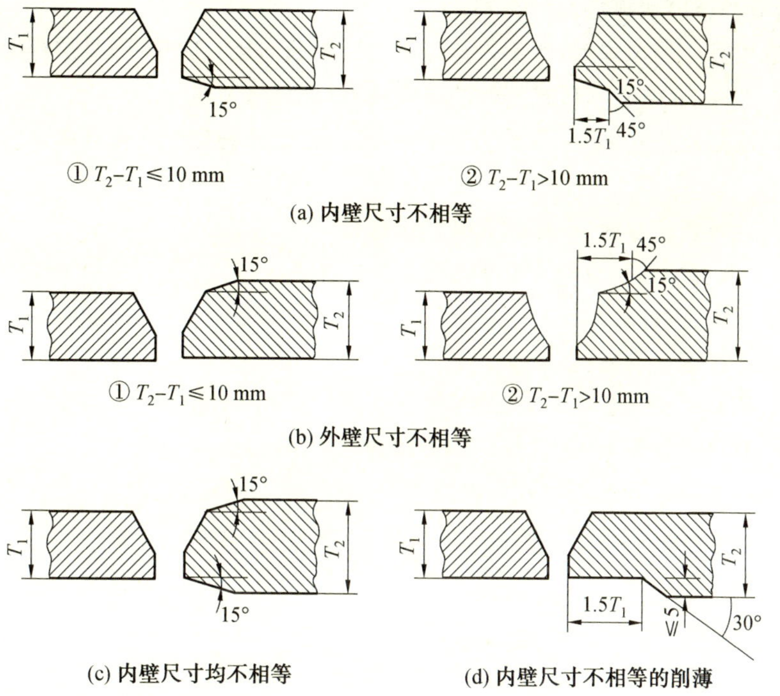

图 3.29　不等壁厚对接焊件坡口加工示意图

(3)焊件组对的定位焊应符合以下规定：

①在焊接前应付定位焊缝进行检查，当发觉缺点时应在处置后焊接；

②应采纳与根部焊道相同的焊接材料和焊接工艺；

③在螺旋管、直缝管焊接的纵向焊缝处不得进行点焊；

④定位焊应均匀散布，点焊长度及点焊数应符合表 3.13 的规定。

表 3.13　点焊长度和点数

公称管径/mm	点焊长度/mm	点焊数
50～150	5～10	2～3
200～300	10～20	4
350～500	15～30	5
600～700	40～60	6
800～1 000	50～70	7
>1 000	80～100	点间距宜为 300 mm

气焊应先按焊件周长等距离适当点焊，点焊部位应焊透，厚度不该大于壁厚的 2/3，每道焊缝应一次焊完。

当采纳电焊焊接有坡口的管道及管路附件时，焊接层数不得少于 2 层。管道接口的焊接顺序和方法不该产生附加应力。

(4)多层焊接应符合以下规定：

①第一层焊缝根部应均匀焊透，且不得烧穿。各层焊缝的接头应错开，每层焊缝的厚度应为焊条直径的 0.8～1.2 倍。不得在焊件的非焊接表面引弧；

②每层焊接完成后应清除熔渣、飞溅物等杂物，并应进行外观检查。发觉缺点时应铲除重焊。

在焊缝未冷却至环境温度前，不得在焊缝部位进行敲打。

(5)在 0 ℃以下环境中焊接应符合以下规定：

①现场应有防风、防雪方法；

②焊接前应清除管道上的冰、霜或雪；

③预热温度应依照焊接工艺确信，预热范围应在焊口双侧 50 mm；

④焊接应使焊缝自由收缩，不得使焊口加速冷却。

⑤在焊缝周围明显处应有焊工代号标识。

(6)焊接质量查验应按以下顺序进行：

①对口质量查验；

②外观质量查验；

③无损探伤查验。

9. 强度和周密性实验

焊缝应进行 100%外观质量查验，并应符合以下规定：

(1)焊缝表面应清理干净，焊缝应完整并圆滑过渡，不得有裂纹、气孔、夹渣及熔合性飞溅物等缺点；

(2)焊缝高度不该小于母材表面，并应与母材圆滑过渡；

(3)增强高度不得大于被焊件壁厚的 30%，且应小于或等于 5 mm。焊缝宽度应焊出坡口边缘 1.5～2.0 mm；

(4)咬边深度应小于 0.5 mm，且每道焊缝的咬边长度不得大于该焊缝总长的 10%；

(5)表面凹陷深度不得大于 0.5 mm，且每道焊缝表面凹陷长度不得大于该焊缝总长的 10%；

(6)焊缝表面检查完毕后应填写查验报告，并可按附录 4 的规定填写。

焊缝应进行无损检测，并应符合以下规定。

(1)应由有资质的单位进行检测。

(2)宜采纳射线探伤。当采纳超声波探伤时，应采纳射线探伤复检，复检数量应为超声波探伤数量的 20%。角焊缝处的无损检测可采纳磁粉或渗透探伤。

(3)无损检测数量应符合设计的要求，当设计未规按时应符合以下规定：

①干线管道与设备、管件连接处和折点处的焊缝应进行 100%无损探伤检测；

②穿越铁路、高速公路的管道在铁路路基双侧各 10 m 范围内，穿越城市要紧道路的不通行管沟在道路双侧各 5 m 范围内，穿越江、河或湖等的管道在岸边各 10 m 范围内的焊缝应进行 100%无损探伤；

③不具有强度试验条件的管道焊缝，应进行 100%无损探伤检测；

④现场制作的各类承压设备和管件，应进行100%无损探伤检测；

⑤其他无损探伤检测数量应按表3.14的规定执行，且每一个焊工不该少于一个焊缝。

10. 无损检测合格标准

无损检测合格标准应符合设计的要求。当设计未规定时，应符合以下规定。

(1)要求进行100%无损探伤的焊缝，射线探伤不得小于现行国家标准《无损检测 金属管道熔化焊环向对接接头射线照相检测方法》(GB/T 12605—2008)的Ⅱ级质量要求，超声波探伤不得小于现行国家标准《焊缝无损检测 超声检测 技术、检测等级和评定》(GB/T 11345—2023)的Ⅰ级质量要求。

(2)要求进行无损检测抽检的焊缝，射线探伤不得小于现行国家标准《无损检测 金属管道熔化焊环向对接接头射线照相检测方法》的Ⅲ级质量要求，超声波探伤不得小于现行国家标准《焊缝无损检测 超声检测 技术、检测等级和评定》的Ⅱ级质量要求。

表3.14 无损探伤检测数量

序号	热介质名称	管道设计参数		焊缝无损探伤检验数量/%														
				地上敷设				通行及半通行地沟敷设				不通行地沟敷设（含套管敷设）				直埋敷设		
				DN<500 mm		DN≥500 mm		DN<500 mm		DN≥500 mm		DN<500 mm		DN≥500 mm				
		温度/℃	压力/MPa	固定焊口	转动焊口	固定焊口	转动焊口	固定焊口	转动焊口	固定焊口	转动焊口	固定焊口	转动焊口	固定焊口	转动焊口	主要道路	一般道路	其他
1	过热蒸汽	$200<T\leqslant350$	$1.6<p\leqslant2.5$	30	20	36	18	40	22	46	18	50	30	60	40	—	—	—
2	过热或饱和蒸汽	$200<T\leqslant350$	$1.0<p\leqslant1.6$	30	20	36	18	40	22	746	18	50	30	60	40	100	100	100
3	过热或饱和蒸汽	$T\leqslant200$	$p\leqslant1.0$	30	20	36	18	40	22	46	18	50	30	60	40	100	100	100
4	高温热水	$150<T\leqslant200$	$1.6<p\leqslant2.5$	30	20	36	18	40	22	46	18	50	30	60	40	100	100	100
5	高温热水	$120<T\leqslant150$	$1.0<p\leqslant1.6$	20	20	36	18	40	22	46	18	50	30	60	40	100	100	100
6	热水	$T\leqslant120$	$p\leqslant1.6$	18	12	22	16	26	20	30	16	40	28	50	40	100	100	100
7	热水	$T\leqslant100$	$p\leqslant1.0$	12				20				30	20	50	30	60	40	30
8	凝结水	$T\leqslant100$	$p\leqslant0.6$	10				16				20				60	40	30

当无损探伤抽样检显现不合格焊缝时，对不合格焊缝返修后，并应按以下规定扩大查验。

①每显现一道不合格焊缝，应再抽检两道该焊工所焊的同一批焊缝，按原探伤方式进行查验。

②第二次抽检仍显现不合格焊缝，应对该焊工所焊全数同批的焊缝按原探伤方式进行查验。

③同一焊缝的返修次数不该大于 2 次。

对焊缝无损探伤记录应进行整理，并应纳入完工资料中。磁粉探伤或渗透探伤应按附录 5、附录 6 填写检测报告；射线探伤应按本检测报告应符合附录 7 和附录 8 的规定；超声波探伤检测报告应符合附录 9、附录 10 的规定。

焊接质量应依照每道焊缝外观质量和无损探伤记录结果进行综合评判，并应按附录 11 填写焊缝综合质量记录表。

焊接工作完成后应按附录 12 编制焊缝排位记录及示用意。

支架、吊架的焊缝均应进行检查，固定支架的焊接安装应按附录 13 进行检查和记录。

11. 预制直埋管道

预制直埋热水管道安装应符合现行行业标准《城镇供热直埋热水管道技术规程》的相关规定，预制直埋蒸汽管道的安装应符合现行行业标准《城镇供热直埋蒸汽管道技术规程》(CJJ/T 104—2014)的相关规定。

预制直埋管道和管件应采纳工厂预制的产品，质量应符合相关标准的规定。

(1)预制直埋管道及管件在运输、现场寄存及施工进程中的平安爱惜应符合以下规定：

①不得直接拖拽，不得损坏外护层、端口和端口的封锁端帽；

②保温层不得进水，进水后的直埋管和管件应修复后方可利用；

③当堆放时不得大于 3 层，且高度不得大于 2 m。

(2)预制直埋管道及管件外护管的划痕深度应符合以下规定，不合格应进行修补：

①高密度聚乙烯外护管划痕深度不该大于外护管壁厚的 10%，且不该大于 1 mm；

②钢制外护管防腐层的划痕深度不该大于防腐层厚度的 20%。

预制直埋管道在施工进程中应采取防火方法。

预制直埋管道安装坡度应与设计一致。当管道安装进程中显现折角或管道折角大于设计值时，应与设计单位确认后再进行安装。

当管道中需加装圆筒形收缩端帽或穿墙套袖时，应在管道焊接前将收缩端帽或穿墙套袖套装在管道上。

预制直埋管道现场切割后的焊接预留段长度应与原成品管道一致，且应清除表面污物。

(3)接头保温施工应符合以下规定：

①现场保温接头利用的原材料在寄存进程中应依照材料特性采取爱惜方法；

②接头保温的结构、保温材料的材质及厚度应与直埋管相同；

③接头保温施工应在工作管强度试验合格，且在沟内无积水、非雨天的条件下进行，当雨、雪天施工时应采取防护方法；

④接头的保温层应与相接的直埋管保温层衔接紧密，不得有裂缝。

当管段被水浸泡时，应清除被浸湿的保温材料后方可进行接头保温。

预制直埋管道现场安装完成后，必须对保温材料袒露处进行密封处置。

预制直埋管道在固定墩结构承载力未达到设计要求之前，不得进行预热伸长或试运行。

(4)预制直埋蒸汽管道的安装还应符合以下规定：

①在现场切割时应躲开保温管内部支架，且应避免防腐层被损坏；

②在管道焊接前应检查管道、管路附件的排序和管道支座种类和排列，并应与设计图纸相符合；

③应按产品的方向标识进行排管后方可进行焊接；

④在焊接管道接头处的钢外护管时，应在钢外护管焊缝处保温材料层的外表面衬垫耐烧穿的爱惜材料；

⑤焊接完成后应拆除管端的爱惜支架。

(5)预制直埋热水管的安装还应符合以下规定。

①当采纳预应力安装时，应以一个预热段作为一个施工分段。预应力安装应符合现行行业标准《城镇供热直埋热水管道技术规程》的相关规定。

②管道在穿套管前应完成接头保温施工，在穿越套管时不得损坏直埋热水管的保温层及外护管。

③现场切割配管的长度不宜小于 2 m，切割时应采取避免外护管开裂的方法。

④在现场进行保温修补前，应付与其相连管道的管端泡沫进行密封隔离处置。

⑤接头保温应符合以下规定：

a. 接头保温的工艺应有合格的查验报告；

b. 接头处的钢管表面应干净、干燥；

c. 应采纳发泡机发泡，发泡后应及时密封发泡孔。

⑥接头外观不该显现过烧、鼓包、翘边、褶皱或层间离开等缺点。

接头外护层安装完成后，必需全数进行气密性查验并应合格。

气密性查验应在接头外护管冷却到 40 ℃以下时进行。气密性查验的压力应为 0.02 MPa，保压时刻不该小于 2 min，压力稳固后应采纳涂上香皂水的方式检查，无气泡为合格。

(6)监测系统的安装应符合现行行业标准《城镇供热直埋热水管道技术规程》的相关要求，并应符合以下规定：

①监测系统应与管道同时进行安装；

②在安装接头处的信号线前，应清除直埋管两头潮湿的保温材料；

③接头处的信号线应在连接完毕并检测合格后进行接头保温。

3.5 集中供热系统管道的检验试验、清洗吹扫及涂漆保温

1. 一般规定

(1)施工单位应通过其质检人员对施工质量进行检验。

(2)建设单位或其授权机构应通过其质检人员对施工质量进行监督和检查。

2. 外观检查

(1)外观检验应包括对各种管道组成件、管道支撑件的检验，以及在管道施工过程中的检验。

(2)管道组成件及管道支撑件、管道加工件、坡口加工及组对、管道安装的检验数量和标

准应符合《城镇供热管网工程施工及验收规范》的相关规定。

(3)除焊接作业指导书有特殊要求的焊缝外，应在焊完后立即除去渣皮、飞溅，并应将焊缝表面清理干净，进行外观检验。

3. 焊缝表面无损检验

(1)焊缝表面应按设计文件的规定进行磁粉或液体渗透检验。

(2)有热裂纹倾向的焊缝应在热处理后进行检验。

(3)磁粉检验和液体渗透检验应按《压力容器无损检测》(JB 4730—1994)的规定进行。

(4)当发现焊缝表面有缺陷时，应及时消除，消除后应重新进行检验，直至合格。

4. 射线照相检验和超声波检验

(1)管道焊缝的内部质量应按设计文件的规定，进行射线照相检验或超声波检验。

(2)管道焊缝的射线照相检验或超声波检验应及时进行。当抽样检验时，应对每一焊工所焊焊缝按规定的比例进行抽查，检验位置应由施工单位和建设单位的质检人员共同确定。

(3)管道焊缝的射线照相检验数量应符合下列规定。

①下列管道焊缝应进行 100%射线照相检验：a. 输送设计压力不小于 10 MPa，且设计温度不低于 400 ℃的管道；b. 设计温度低于−29 ℃的低温管道；c. 设计文件规定进行 100%射线检验的其他管道。

②设计压力不大于 1 MPa，且设计温度低于 400 ℃时，可不进行射线照相检验。

③其他管道应进行抽样射线照相检验，抽样比例不得低于 5%，其质量不得低于Ⅲ级。抽样比例和质量等级应符合设计文件的要求。

(4)经建设单位同意，管道焊缝的检验可采用超声波检验代替射线照相检验，其检验数量应与射线照相检验相同。

(5)对不要求进行内部质量检验的焊缝，质检人员应按上述外观检验的规定全部进行外观检验。

(6)当检验发现焊缝缺陷超出设计文件和有关规范规定时，必须进行返修，焊缝返修后应按原规定方法进行检验。

(7)当抽样未发现需要返修的焊缝缺陷时，则该次抽样所代表的一批焊缝应认为全部合格；当抽样检验发现需要返修的焊缝缺陷时，除返修该焊缝外，还应采用原规定方法按下列规定进一步检验。

①每出现一道焊缝应再检验两道该焊工所焊的同一批焊缝。

②当这两道焊缝均合格时，应认为检验所代表的这一批焊缝合格。

③当这两道焊缝又出现不合格时，每道不合格焊缝应再检验两道该焊工的同一批焊缝。

④当再一次检验的焊缝均合格时，可认为检验所代表的这一批焊缝合格。

⑤当再一次检验又出现不合格时，应对该焊工所焊的同一批焊缝全部进行检验。

(8)对需要热处理的焊缝，热处理后应测量焊缝及热影响取得硬度值，其硬度值应符合设计硬度的 125%。检验数量不应少于热处理焊缝总数的 10%。文件规定。当设计文件无明确规定时，碳素钢不宜大于母材硬度的 120%；合金钢不宜大于母材。

(9)对需要热处理的管道焊缝，应按规定的格式填写“热处理报告书”。

5. 压力试验

(1)供热管网工程施工完成后应按设计要求进行强度试验和严密性试验，当设计无要求时应符合下列规定。

①强度试验压力应为 1.5 倍设计压力，且不得小于 0.6 MPa；严密性试验压力应为 1.25 倍设计压力，且不得小于 0.6 MPa；

②当设备有特殊要求时，试验压力应按产品说明书或根据设备性质确定。

③开式设备应进行满水试验，以无渗漏为合格。

(2)压力试验应按强度试验、严密性试验的顺序进行，试验介质宜采用清洁水。

(3)压力试验前，焊接质量外观和无损检验应合格。

(4)安全阀的爆破片与仪表组件等应拆除或已加盲板隔离。加盲板处应有明显的标记，并应做记录。安全阀应处于全开，填料应密实。

(5)压力试验应编制试验方案，并应报有关单位审批。试验前应进行技术、安全交底。

(6)压力试验前应划定试验区、设置安全标志。在整个试验过程应有专人值守，无关人员不得进入试验区。

(7)站内、检查室和沟槽中应有可靠的排水系统。试验现场应进行清理，具备检查的条件。

(8)强度试验前应完成下列工作。

①强度试验应在试验段内的管道接口防腐、保温及设备安装前进行。

②管道安装使用的材料、设备资料应齐全。

③管道自由端的临时加固装置应安装完成，并应经设计核算与检查确认安全可靠。试验管道与其他管线应用盲板或采取其他措施隔开，不得影响其他系统的安全。

④试验用的压力表应经校验，其精度不得小于 1.0 级，量程应为试验压力的 1.5～2 倍，数量不得少于 2 块，并应分别安装在试验泵出口和试验系统末端。

(9)严密性试验前应完成下列工作。

①严密性试验应在试验范围内的管道全部安装完成后进行。压力试验长度宜为一个完整的设计施工段。

②试验用的压力表应经校验，其精度不得小于 1.5 级，量程应为试验压力的 1.5～2 倍，数量不得少于 2 块，并应分别安装在试验泵出口和试验系统末端。

③横向型、铰接型补偿器在严密性试验前不宜进行预变位。

④管道各种支架已安装、调整完毕，固定支架的混凝土已达到设计强度，回填土及填充物已满足设计要求。

⑤管道自由端的临时加固装置已安装完成，并经设计核算与检查确认安全可靠。试验管道与无关系统应采用盲板或采取其他措施隔开，不得影响其他系统的安全。

(10)压力试验应符合下列规定。

①当管道充水时应将管道及设备中的空气排尽。

②试验时环境温度不宜低于 5 ℃。当环境温度低于 5 ℃时，应有防冻措施。

③当运行管道与压力试验管道之间的温度差大于 100 ℃时，应根据传热量对压力试验

的影响采取保证运行管道和试验管道安全的措施。

④地面高差较大的管道，试验介质的静压应计入试验压力中。热水管道的试验压力应以最高点的压力为准，最低点的压力不得大于管道及设备能承受的额定压力。

⑤压力试验方法和合格判定应符合表3.15的规定。

表3.15　压力试验方法和合格判定

<table>
<tr><th>项　目</th><th colspan="2">试验方法和合格判定</th><th>检验范围</th></tr>
<tr><td>强度试验</td><td colspan="2">升压到试验压力，稳压10 min无渗漏、无压降，然后降至设计压力，稳压30 min无渗漏、无压降为合格</td><td>每个试验段</td></tr>
<tr><td rowspan="3">严密性试验</td><td colspan="2">升压至试验压力，当压力趋于稳定后，检查管道、焊缝、管路附件及设备等无渗漏，固定支架无明显的变形等</td><td rowspan="3">全段</td></tr>
<tr><td>一级管网及站内</td><td>稳压在1 h，前后压降不大于0.05 MPa，为合格</td></tr>
<tr><td>二级管网</td><td>稳压在30 min.前后压降不大 于0.05 MPa，为合格</td></tr>
</table>

(11)试验过程中发现渗漏时，不得带压处理。消除缺陷后，应重新进行试验。

(12)试验结束后应及时排尽管内积水、拆除试验用临时加固装置。排水时不得形成负压，试验用水应排到指定地点，不得随意排放，不得污染环境。

(13)压力试验合格后应填写供热管道水压试验记录、设备强度和严密性试验记录，并应按附录14和附录15的规定进行记录。

6.管道的清洗

(1)管道在压力试验合格后，应将施工时遗留在管道内的焊渣、铁锈、泥沙等异物清扫干净，防止阻塞阀门、损坏设备。

(2)一般建设单位应负责组织吹扫或清洗(简称吹洗)工作，并应在吹洗前编制吹洗方案。吹洗方法应根据管道的使用要求、工作介质及管道内表面的脏污程度确定。DN≥600 mm的液体或气体管道，宜采用人工清理；DN＜600 mm的液体管道，宜采用水清洗；DN＜600 mm的气体管道，宜采用空气吹扫；蒸汽管道应以蒸汽吹扫。

(3)不允许吹扫的设备及管道应与吹扫系统隔离。

(4)管道吹扫前，不应安装孔板、法兰连接的调节阀、重要阀门、截流阀、安全阀、仪表，应采取留旁路或卸掉阀头及阀座、加保护套等保护措施。

(5)吹洗的顺序应按主管、支管、疏排管依次进行，吹洗出的脏物不得进入已合格的管道。

(6)吹洗前应检验管道支、吊架的牢固程度，必要时应予以加固。

(7)清洗排放的脏液不得污染环境，严禁随地排放。

(8)吹扫时应设置禁区。

(9)蒸汽吹扫时，管道附近不得放置易燃物。

(10)管道吹洗合格并复位后，不得再进行影响管内清洁的其他作业。

(11)管道复位时，应由施工单位会同建设单位共同检查，并应按附录16的格式进行记录。

7. 水冲洗

(1)冲洗管道应使用洁净水，冲洗奥氏体不锈钢管道时，水中氯离子含量不得超过 25 mg/L。

(2)冲洗时宜采用最大流量，流速不得低于 1.5 m/s。

(3)排放水应引入可靠的排水井或沟中，排放管的截面积不得小于被冲洗管截面积的 60%。排水时，不得形成负压。

(4)管道的支管应全部冲洗。

(5)水冲洗应连续进行，以排出口水的水色和透明度与入口水目测一致为合格。

(6)当管道经水冲洗合格后暂时不运行时，应将水排净，并应及时吹干。

8. 空气吹扫

(1)空气吹扫应利用生产装置的大型压缩机，也可利用装置中的大型容器储气，进行间断性的吹扫，压力不得超过容器和管道的设计压力，流速不宜小于 20 m/s。

(2)吹扫忌油管道时，气体中不得含油。

(3)空气吹扫过程中，当目测排气无烟尘时，应在排气口设置贴白布或涂白漆的木制靶板检验，5 mm 内靶板上无铁锈、尘土、水分及其他杂物为合格。

9. 蒸汽吹扫

(1)为蒸汽吹扫安装的临时管道应按蒸汽管道的技术要求安装，安装质量应符合有关规范的规定。

(2)蒸汽管道应以大流量蒸汽进行吹扫，流速不应小于 30 m/s。

(3)蒸汽吹扫过程中管道应缓缓升温，应按加热—冷却—再加热的顺序，循环进行。吹扫时宜采取每次吹扫一根，轮流吹扫的方法。

(4)蒸汽管道经吹扫后应进行检验，检验可用抛光木板，吹扫后，木板上无铁锈、脏物时，应为合格。

(5)吹扫的蒸汽管道应引到室外，并有明显的标志。管口离开地面或平台 2.5 m 以上且向上倾斜，以保证安全。排气管的直径不小于吹扫的蒸汽管道直径，并缩短长度。

10. 管道涂漆原则

(1)管道及其保温保护层的涂漆应符合相关现行国家标准的规定。

(2)涂料应有制造厂的质量证明书。

(3)有色金属管、不锈钢管、镀锌钢管、镀锌铁皮和铝皮保护层不宜涂漆。

(4)焊缝及其标记在压力试验前不应涂漆。

(5)管道安装后不易涂漆的部位应预先涂漆。

(6)涂漆前应清除被涂表面的铁锈、焊渣、毛刺、油、水等污物。

(7)涂料的种类、颜色，涂敷的层数和标记应符合设计文件的规定。

(8)涂漆施工宜在 15～30 ℃的环境温度下进行，并应有相应的防火、防冻、防雨措施。

(9)涂层质量应符合下列要求。

①涂层应均匀，颜色应一致。

②涂膜应附着牢固，无剥落、皱纹、气泡、针孔等缺陷。

③涂层应完整，无损坏、流满。

④涂层厚度应符合设计文件的规定。

⑤涂刷色环时，应间距均匀、宽度一致。

11. 管道涂漆标准

设计上对涂漆标准没有明确的规定时，涂漆标准不得低于下列标准。

(1)明装无保温层的管道、设备和容器，必须涂一道防锈漆，两道面漆；有保温层时，应涂两道防锈漆。

(2)地沟内管道应涂两道防锈漆。

(3)涂料的耐温性能、抗腐蚀性能应按输热介质温度及环境条件进行选择。

思政案例

在某北方城市的集中供热项目中，施工团队面临着复杂的环境挑战，包括冬季施工的低温条件和复杂的地质结构。施工团队在进行管道安装时，为确保集中供热系统在极端寒冷条件下的安全性和稳定性，严格遵循施工规范，集中力量攻克了一系列技术难题。例如，在管道焊接环节，工程师们采用了高精度自动焊接设备，并反复进行焊缝检查，确保每一个焊接点都能达到合格标准。此外，施工团队还特别关注保温层的安装，选用环保、高效的保温材料，确保将管道热损失降到最低。为了提高施工效率和安全性，施工团队还引入了现代化的施工管理系统，实时监控施工进展和质量。整个施工过程中，施工团队成员展现出高度的责任感和精益求精的态度，为项目的顺利完工奠定了坚实基础。这一项目不仅为当地居民带来了温暖的冬季生活，也展现了现代工程技术与工匠精神的完美结合。

同学们在今后的工作中，在面对复杂施工环境时，应该具备精湛的技术，对工作充满热情、追求卓越、精益求精的工匠精神，确保工程质量和施工效率。同时还要培养团队协作意识和责任意识，因为集中供热工程的施工不仅是技术的体现，更是对社会和人民生活的责任担当。

模块 4　集中供热系统热力站的施工安装

4.1　集中供热系统的热力站

1. 热力站的分类

热源供热一般有两种基本方式。第一种方式为热媒由热源经过热网直接进入热用户，如图 4.1 所示。

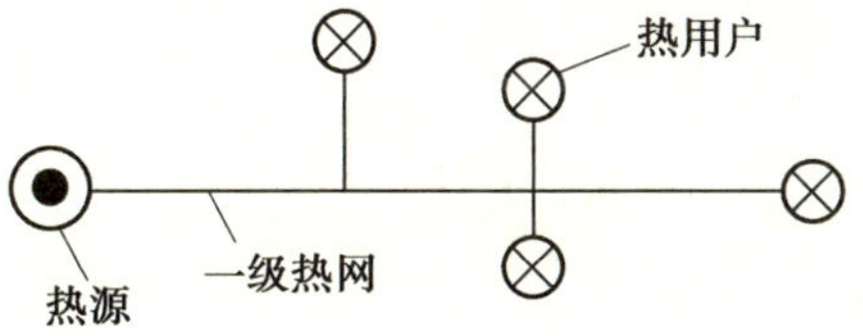

图 4.1　热源直接供热方式

第二种方式为热媒由热源经过热网进入热力站（也叫热力点），再进入各个热用户，如图 4.2 所示。

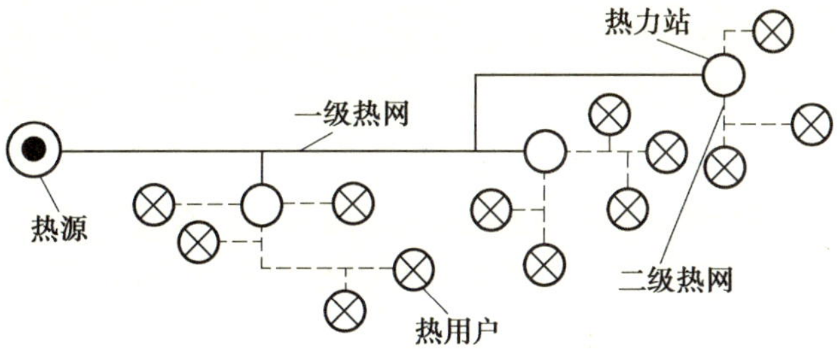

图 4.2　热力站供热方式

热力站指的是城市集中供热系统中热网与热用户的连接站。民用建筑的室外管网大多根据热网的工况和热用户的需要，通过用户热力站进行控制，采用合理的连接方式，将热网输送的供热介质（热媒）加以调节转换，向用户系统分配以满足热用户的需要，并根据需要进行集中计量、检测供热介质（热媒）的参数和数量。

热力站可以是单独的建筑，也可以设在某一建筑物内，最终的目的是向供热系统的热用户提供热能。其分类如下：

（1）根据热网输送热媒的不同，可分为热水供热热力站和蒸汽供热热力站；

（2）根据热力站位置和功能不同，可分为用户热力站（点）、小区热力站、区域性热力站；

（3）根据服务对象不同，可分为工业热力站和民用热力站。

2. 用户热力站的形式特点

用户热力站又叫用户引入口,设置在单幢民用建筑及公共建筑的地沟入口或建筑物底层的专用房间、建筑物的地下室、入口竖井内,通过它向单个用户或相邻几个热用户分配热能。主要是为热用户分配、转换和调节供热量,以达到设计要求;监测并控制进入热用户的热媒参数;计量、统计热媒流量和用热量。因此,用户引入口是按局部系统需要进行热量分配、转换、调节、控制、计量的枢纽。

在用户引入口处,用户供、回水总管上均应设置阀门、压力表和温度计;热计量供热系统的用户引入口处还应设置热量表;为了能对热用户进行供热调节,应在用户供水管上设置手动调节阀或流量调节器;在用户进水管上还安装了除污器,可避免室外管网中的杂质进入室内系统。如果用户引入口前的分支管线较长,应在用户供、回水总管的阀门前设置旁通管,当热用户停止供热或检修时,可将用户引入口总阀门关闭,将旁通管阀门打开,使水在分支管线内循环,避免分支管线内的水冻结。用户引入口示意图如 4.3 所示。

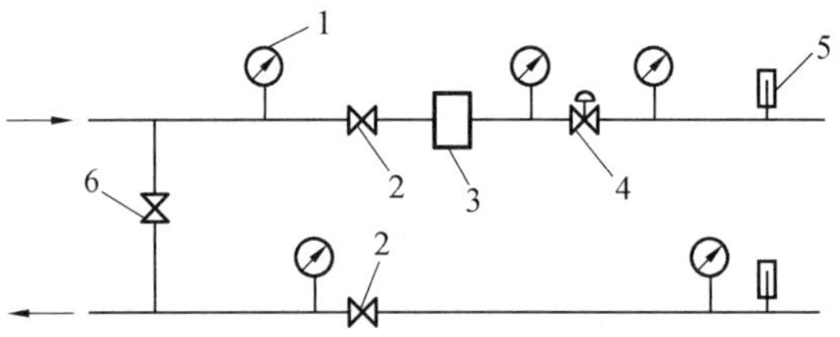

图 4.3　用户引入口示意图

1—压力表;2—用户供、回水总管阀门;3—除污器;4—手动调节阀;5—温度计;6—旁通管阀门

用户引入口要求有足够的操作和检修空间,净高一般不小于 2 m,各设备之间检修、操作通道不应小于 0.7 m。对于位置较高而需要经常操作的入口装置应设操作平台、扶梯和防护栏等设施。应有良好的照明、通风设施,还应考虑设置集水坑或其他排水设施。

在设置建筑物热力入口时,若不具备安装调节和计量装置的条件,可根据建筑物使用特点、热负荷变化规律、室内系统形式、供热介质温度及压力、调节控制方式等,分系统设置管网;通常建筑物热力入口装置宜设在建筑物地下室、楼梯间,当设在室外检查室内时,检查室的防水及排水设施应能满足设备、控制阀和计量仪表对使用环境的要求;当在建筑物热力入口设二次循环泵或混水泵时,循环泵和混水泵应采用调速泵;同时,在满足室内各环路水力平衡和供热计量的前提下,宜减少建筑物热力入口的数量。

3. 集中热水供热热力站的形式特点

热水供热热力站通常称为集中热力站,又叫小区热力站,多设在单独的建筑物内,也可布置在建筑物的底层或地下室内。向一个或多个房屋或建筑小区分配热能。集中热力站比用户引入口装置更完善、设备更复杂、功能更齐全。

热水供热热力站示意图如图 4.4 所示。热水供应热用户 a 与热水网路采用间接连接,热用户的回水和城市生活给水一起进入水一水加热器 4 被外网水加热,热用户供水靠循环水泵 6 提供动力在用户循环管路中流动,热网与热水供应热用户的水力工况完全隔开。温度调节器 5 依据热用户的供水温度要求调节进入循环环路的水量,并通过设置在用户上水管的上水流量计 8 统计热水供应热用户的用水量。

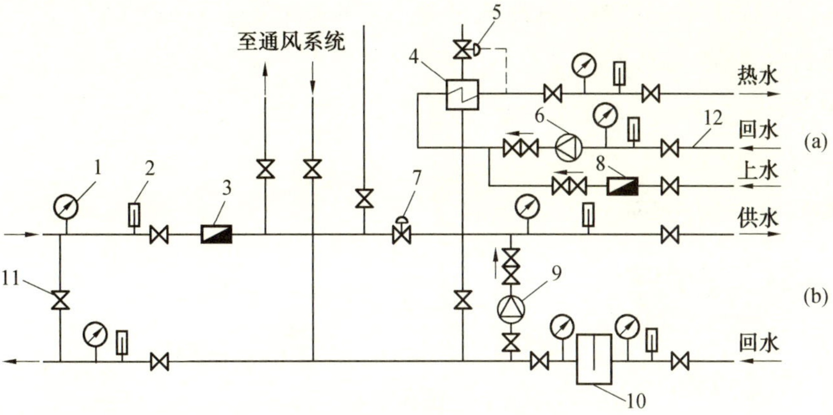

图 4.4　热水供热热力站示意图

1—压力表；2—温度计；3—热网流量计；4—水-水换热器；5—温度调节器；6—热水供应循环水泵；7—手动调节阀；8—上水流量计；9—供暖系统混合水泵；10—除污器；11—旁通管；12—热水供应循环管路

供暖热用户 b 与热水网路采用直接连接，该系统热网供水温度高于供暖用户的设计水温，在热力站内设混合水泵 9，抽引供暖系统的回水，与热网供水混合后直接送入热用户。

热力站内水加热器外表面或距墙面应有不小于 0.7 m 的净通道，前端应留有抽出加热排管的空间和放置检修加热排管操作面的空间。热力站内所有阀门应设置在便于控制操作和便于检修时拆卸的位置。

在热计量供热系统中，室内供暖系统通过散热器温控阀调节室内管网的水力工况，这使得室内管网的水力工况经常发生变化，如果没有相应的室外管网的控制措施，很难保证户内设备正常工作。以往供热系统多采用在集中式热力站处或锅炉房内集中改变网路供回水温度的质调节方法进行供热调节，这种调节方式虽然简单、方便，但不能满足各种运行工况的要求，而且耗电多，不利于节能。还有的供热系统在集中式热力站处或锅炉房内采用多泵并联的方式分阶段改变系统流量，但调节范围小，耗电大，运行效果并不理想，这就要求室外管网采取必要的控制措施，以提高供热质量和运行效率。设小区热力站，可以在热力站处根据室内管网的工况变化进行调节，能满足各种热用户的需要，还能够集中计量、检测热媒的参数和流量。

小区热力站比在每幢建筑物设热力引入口能减少运行管理工作量，便于检测、计量和遥控，可以提高管理水平和供热质量。但热力站后的二级管网的投资费用会增加，因此，热力站的数量与规模一般应通过技术经济比较确定，供热半径不宜超过 800 m；热力站供热区域内建筑高度相差不宜过大，以便选择相同的连接方式。从热力站本身来看，初投资较高，但建筑入口的小型热力站可直接设在建筑物的底层，省去了集中热力站的占地面积；从运行上看，输配管网由二次改为一次，减小了输配管管径，降低了管网费用，而且，小型热力站调节灵活，运行费用也相对较低。新建的居住小区，每小区只设一个热力站为宜，旧的居住小区，应尽量利用原有的小区室外管网和供暖系统，减少热力站的数目。

建筑入口设小型热力站的形式增加了系统的稳定性，减少了用户间的相互影响，随着生活水平的提高，以及用户对舒适度的更高要求，建筑入口的形式将趋于小型化。

4. 蒸汽供热热力站的形式特点

蒸汽供热热力站常用于工厂企业用热单位，如图 4.5 所示。

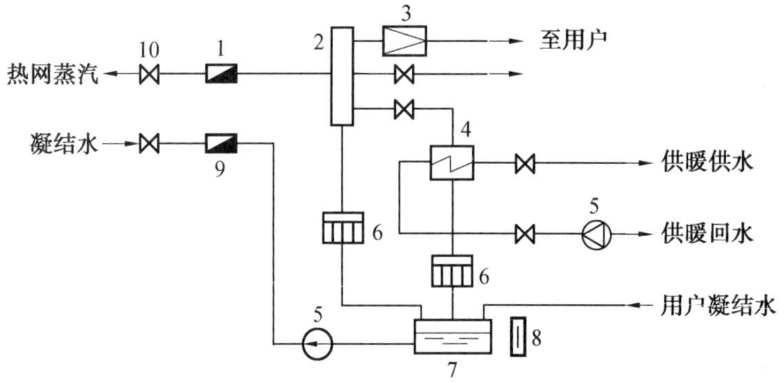

图 4.5　蒸汽供热热力站示意图

1—蒸汽流量计；2—分汽缸；3—减压阀；4—汽-水换热器；5—水泵；6—疏水器；7—凝结水箱；8—水封；9—凝结水表；4—阀门

热网蒸汽首先进入分汽缸，根据各类热用户要求的工作压力、温度，经减压阀（或减温器）调节后输送出去。如果工厂采用热水供暖系统，则多采用汽一水换热器，将热水供暖系统的二次水加热，用循环水泵输送；或采用蒸汽喷射器，利用蒸汽压力推动循环，并把水加热。

热力站内应装置热水、蒸汽和返回凝结水的计量仪表以及一些检测供热介质温度、压力的仪表，以便对热力站和热用户的运行工况进行监测并依据它们进行调节和收费。

由于热负荷具有随生产工艺过程、季节和时间变化的特点，只有采用自动调节才能使供热介质的数量和参数适应需要，避免浪费。流量调节器、温度调节器、压差调节器、压力调节器等各种供热专用的自动调节设备已应用于热力站中；热力站的规模随连接热用户的数量和复杂程度而异，一个热力站可只带一幢建筑（通常也称热力点），也可以带一个建筑群；可以单独建立，也可以设在建筑物内。

5. 热力站设计的注意事项

(1)热力站设计原则。

①热力站的设计必须遵循国家节能政策并遵守相关的规范和安全规程，合理、科学地选用成熟的、先进的换热设备。

②以高温热水为热源时，系统设置水一水换热器，推荐使用板式换热器。

③一般来说热力站布置 2～4 台换热器，无须备用。

④循环水泵布置 2～4 台，无须备用。

⑤板式换热器对水质要求很高，主要需要防止板面结垢。

⑥补给水箱的有效容积应满足事故用水量所需容积。

⑦补给水泵布置 1～2 台，需有一台备用。

(2)补给水的处理方式。

二级热网系统应进行补水，补给水应进行处理，以保证热力站换热设备的正常运行。补给水的主要处理方法如下。

①在热力站内设置简易的补给水水处理设备，把处理后的城市给水补入二级热网，例如，整体式水处理装置、复合被膜加药装置等。

②当二级热网系统对补水水质要求较高，且水量不大时，将一级热网的回水作为二级热网补水，此补水方案在这种情况下可以考虑采用。但是会增加一级热网的失水量，使热源处的水处理量增大。由于二级热网水温不高，一般不会超过 90 ℃，不必进行除氧处理，采用简单的水处理即可满足水质要求。但是这种将一级热网的回水作为二级热网补水的处理方案不够经济。

(3)蒸汽供热热力站的凝结水回收问题。

凝结水回收设备是蒸汽供热热力站的重要组成部分，主要包括凝结水泵、凝结水箱等。以蒸汽作为加热热媒的热力站中，蒸汽加热后的凝结水一般应回收，且应尽可能利用凝结水的二次汽的余热。

(4)热力站布置要求。

①热力站通常设在底层或单层室内。多层建筑可以设置在专门的地下室或中间层中。土建设计按照《建筑设计防火规范》(GB 50016—2014)的规定进行。

②门、窗、墙、层板、屋顶、设备基础应满足隔声要求，详见《工业企业噪声控制设计规范》(GB/T 50087—2013)。

③热力站的净高不应小于 2.7 m。

④换热器距墙的距离不小于 0.7 m。

⑤水泵的基础应高于地面 0.1 m 以上。

4.2　集中供热系统热力站的主要设备

1. 集中供热系统的换热器

换热器是用来把温度较高流体的热能传递给温度较低流体的一种热交换设备，特别是被加热介质是水的换热器，在供热系统中得到了广泛的应用。换热器可集中设在热电厂或锅炉房内，也可以根据需要设在热力站或用户引入口处。

2. 常用供热换热器的形式

根据热媒种类的不同，换热器可分为汽－水换热器(以蒸汽为热媒)，水－水换热器(以高温热水为热媒)；根据换热方式的不同，换热器可分为表面式换热器(被加热水与热媒不接触，通过金属表面进行换热，如壳管式、容积式、板式和螺旋板式换热器等)，混合式换热器(冷热两种介质直接接触，进行热交换，如淋水式换热器、喷管式换热器等)。目前供热系统常用的表面式换热器有用蒸汽作为热媒的汽－水换热器，也有用高温水作为热媒的水－水换热器。

3. 壳管式换热器

(1)壳管式汽—水换热器。

①固定管板式汽—水换热器。固定管板式汽—水换热器构造示意图如图4.6(a)所示。蒸汽在管束外表面流过，被加热水在管束的小管内流过，通过管束的壁面进行热交换。管束通常采用铜管、黄铜管或锅炉碳素钢钢管，少数采用不锈钢管，不锈钢管承压能力强，但易被腐蚀；铜管、黄铜管导热性能好，耐腐蚀，但造价高，一般超过140 ℃的高温热水换热器最好采用钢管。为了强化传热，通常在前室、后室中间加隔板，使水由单流程变成多流程，流程通常取偶数，这样进出水口在同一侧，便于管道布置。

固定管板式汽—水换热器结构简单，造价低，但蒸汽和被加热水之间温差较大时，壳、管热膨胀不同，热应力大，会引起管子弯曲或造成管束与管板、管板与管壳之间开裂，而且管间污垢较难清理。

这种型式的汽—水换热器只适用于温差小、压力低、结垢不严重的场合。为克服外壳和管束热膨胀不同的缺点，常需在壳体中部加波形膨胀节，以达到热补偿的目的，图4.6(b)所示为带膨胀节的壳管式汽—水换热器构造示意图。

②U形壳管式汽—水换热器。U形壳管式汽—水换热器构造示意图如图4.6(c)所示。它是将换热器换热管弯成U形，两端固定在同一管板上，由于每个换热管均可以自由地伸缩，解决了热膨胀问题，且管束可以随时从壳体中整体抽出进行清洗。其缺点是管内无法用机械方法清洗，管板上布置的管子数目少，使单位容量和单位质量的传热量少，多用于温差大、管束内流体较干净、不易结垢的场合。

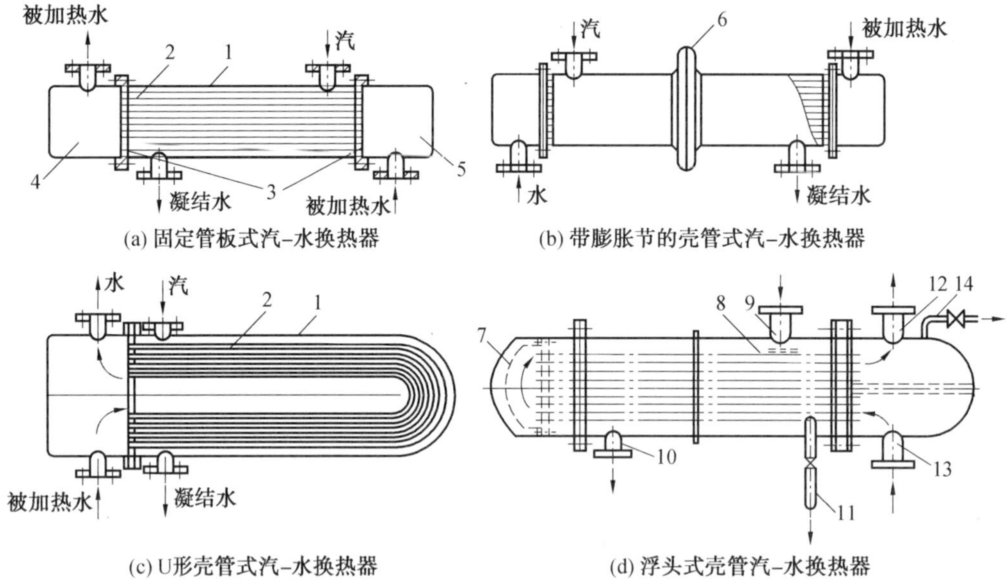

图4.6 壳管式汽—水换热器构造示意图

1—外壳；2—管束；3—固定管栅板；4—前水室；5—后水室；6—膨胀节；7—浮头；8—挡板；9—蒸汽入口；10—凝水出口；11—汽侧排气管；12—被加热水出口；13—被加热水入口；14—水侧排气管

③浮头式壳管汽一水换热器。浮头式壳管汽一水换热器构造示意图如图 4.6(d)所示。为解决热应力问题,可将一端管板与壳体固定,而另一端的管板可以在壳体内自由浮动,不相连的一头称为浮头,即使两介质温差较大,管束和壳体之间也不产生温差应力。浮头式汽一水换热器除补偿好外,还可以将管束从壳体中整个拔出,便于检修和清洗,但其结构较复杂。

(2)壳管式水一水换热器。

①分段式水一水换热器。分段式水一水换热器是将壳管式的整个管束分成若干段,将各段用法兰连接起来。每段采用固定管板,外壳上有波形膨胀节,以补偿管子的热膨胀。分段既能使流速提高,又能使冷、热水的流动方向接近于纯逆流的方式,传热效果较好。此外换热面积的大小还可以根据需要的分段数来调节。为了便于清除水垢,高温水多在管外流动,被加热水则在管内流动。分段式水一水换热器的构造示意图如图 4.7 所示。

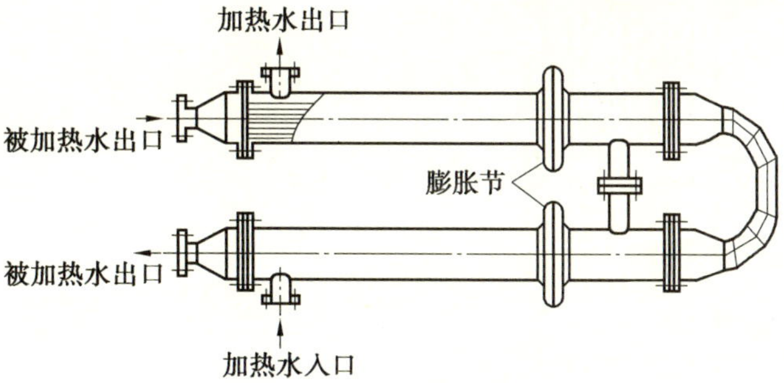

图 4.7 分段式水一水换热器

②套管式水一水换热器。套管式水一水换热器由若干个标准钢管做成的套管焊接而成,形成"管套管"的型式,是一种非常简单的壳管式;与分段式水一水换热器一样,为提高传热效果,换热流体为逆向流动;其缺点是占地面积大。套管式水一水换热器构造示意图如图 4.8 所示。

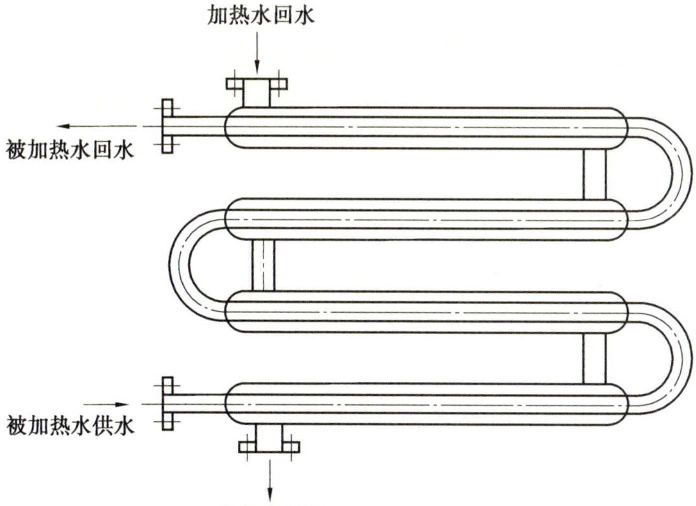

图 4.8 套管式水一水换热器

4. 板式换热器

板式换热器是一种传热系数高、结构紧凑、容易拆卸、热损失小、无须保温、质量轻、体积小，适用范围大的新型换热器。板式换热器的缺点是板片间截面积较小，易堵塞，且周边很长、密封麻烦、容易渗漏、金属板片薄、刚性差。板式换热器不适用于高温高压系统，主要应用于水—水换热系统。

板式换热器由许多平行排列的传热板片叠加而成，板片之间用密封垫密封，冷、热水在板片的间隙里流动，两端用盖板加螺栓压紧，如图 4.9 所示。

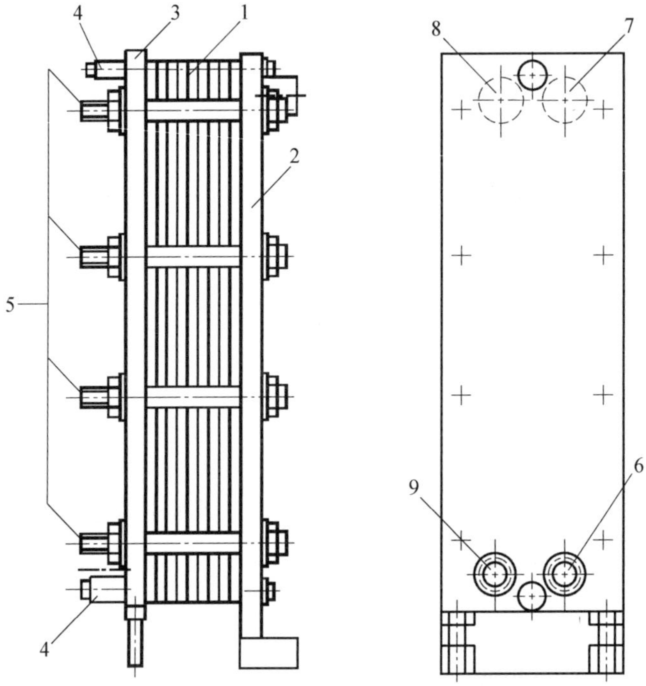

图 4.9　板式换热器

1—加热板片；2—固定盖板；3—活动盖板；4—定位螺栓；5—压紧螺栓；
6—被加热水进口；7—被加热水出口；8—加热水进口；9—加热水出口

板式换热器换热板片的结构型式有很多种，板片的形状既要有利于增强传热，又要使板片的钢性好，目前我国生产的主要是“人字形换热板片”，它是一种典型的“网状板”板片，左侧上下两孔通加热流体，右侧上下两孔通被加热流体。安装时应注意水流方向要和人字纹路的方向一致，板片两侧的冷、热水应逆向流动，如图 4.10 所示。

板片之间密封用的垫片型式如图 4.11 所示，密封垫片不仅把流体密封在换热器内，而且使加热和被加热流体分隔开，不互相混合。通过改变垫片的左右位置，可以使加热与被加热流体在换热器中交替通过人字形板面。信号孔可检查内部是否密封，如果密封不好而有渗漏时，信号孔就会有流体流出。

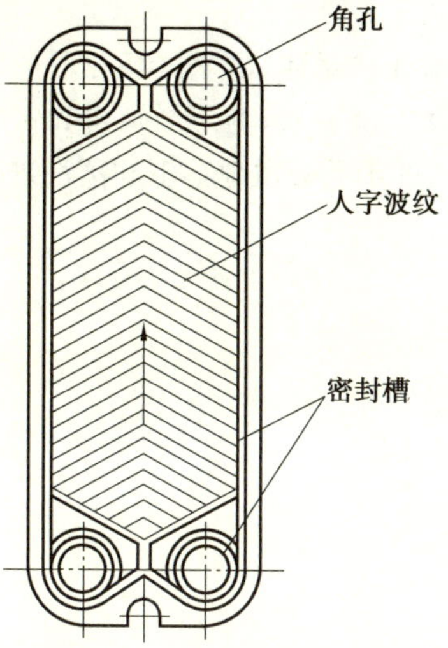

图 4.10　人字形换热板片

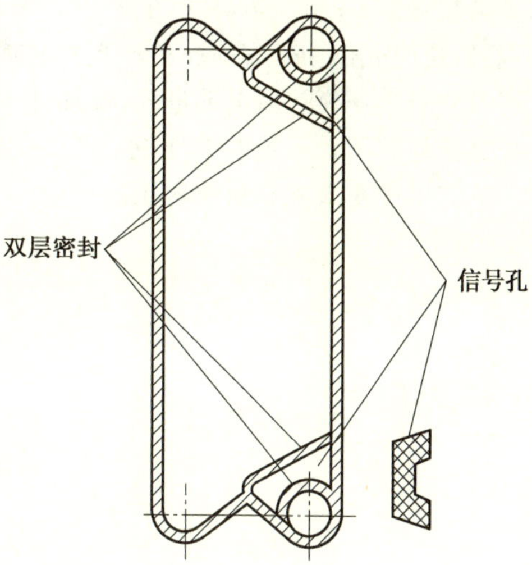

图 4.11　密封垫片

5. 容积式换热器

容积式换热器分为容积式汽一水换热器(见图 4.12)和容积式水一水的热器。容积式换热器兼起储水箱的作用,外壳大小应根据储水的容量确定,换热器中 U 形弯管管束并联在一起,蒸汽或加热水自管内流过。

容积式换热器易于清除水垢,主要用于热水供应系统,但其传热系统数比壳管式换热器低。

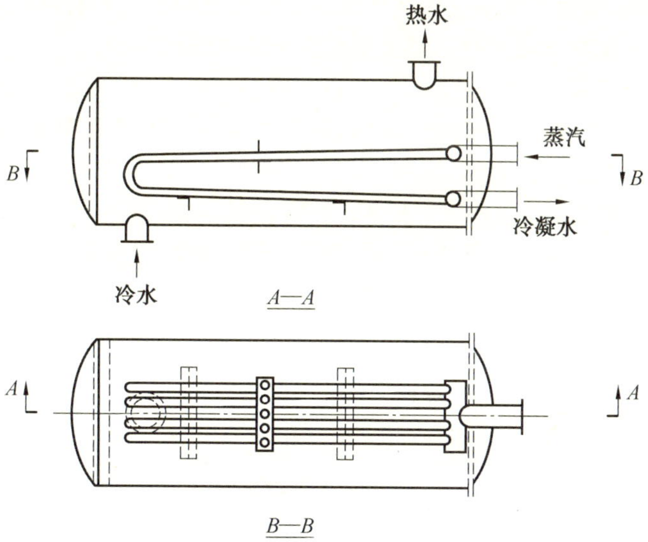

图 4.12　容积式汽一水换热器

6. 混合式换热器

混合式换热器是冷热两种流体直接接触进行混合而实现热交换的换热器,属于一种直接式热交换器,如淋水式换热器、喷管式汽一水换热器等。

(1)淋水式换热器。

淋水式换热器是由壳体和带有筛孔的淋水板组成的圆柱状罐体,淋水式换热器的示意图如图 4.13 所示。蒸汽从换热器上部进入,被加热水也从上部进入,为了增加水和蒸汽的接触面积,在加热器内装了若干级淋水盘,水通过淋水盘上的细孔分散地落下和蒸汽进行热交换,加热器的下部用于蓄水并起膨胀容积的作用。

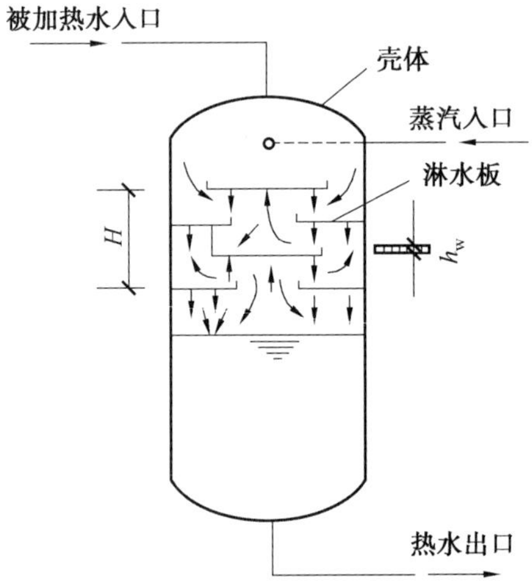

图 4.13　淋水式换热器

淋水式换热器的特点是容量大,可兼作膨胀水箱起储水、定压作用;由于汽、水之间直接接触换热,换热效率高,在同样热负荷时换热面积小,设备紧凑。也正是由于采用直接接触式换热,凝结水不能回收,增加了集中供热系统热源处的水处理量。不断凝结的凝结水使加热器水位升高,通常设水位调节器控制循环水泵将多余的水送回锅炉。

(2)喷管式汽一水换热器。

喷管式汽一水换热器的构造如图 4.14 所示,被加热水从左侧进入喷管,蒸汽从喷管外侧进入,通过喷管壁上的倾斜小孔射出,形成许多蒸汽细流,在高速流动中,蒸汽凝结放热,变成凝结水;被加热水吸收热量,与凝结水混合。在混合过程中,蒸汽多余的势能和动能用来引射水做功,从而消耗了产生振动和噪声的那部分能量。蒸汽与水正常混合时,要求蒸汽压力至少应比换热器入口水压高 0.1 MPa 以上。

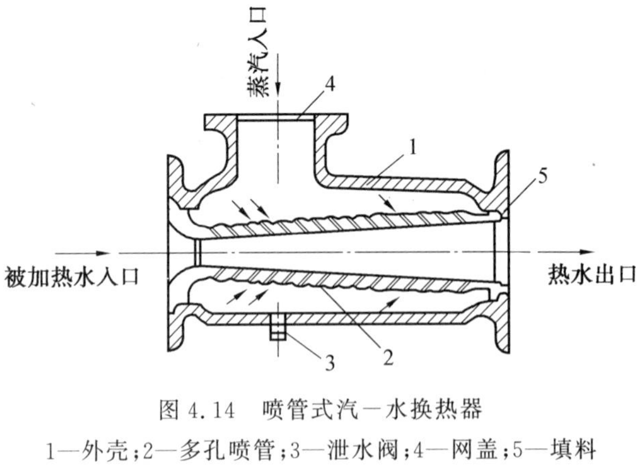

图 4.14　喷管式汽一水换热器

1—外壳;2—多孔喷管;3—泄水阀;4—网盖;5—填料

喷管式汽—水换热器体积小、制造简单、安装方便、加热效率高、调节灵敏、加热温差大、运行平稳。但换热量不大，一般只用于热水供应和小型热水供暖系统上。用于供暖系统时，多设于循环水泵的出水口侧。

7. 补偿器

补偿器又称伸缩器、伸缩节或膨胀节，是设置在管道上吸收管道热胀、冷缩和其他位移的元件，主要用于补偿管道受温度变化而产生的变形。如果温度变化时管道不能完全自由地膨胀或收缩，管道中将产生温度应力。在管道设计中必须考虑这种应力，否则它可能导致管道的破裂，影响生产的正常运行。

8. 补偿器的选用

供热管道采用的补偿器种类很多，主要包括管道自然补偿和补偿器补偿。通常情况下，管道的变形产生位移可以由管道自己一定程度内的变形得到补偿，即所谓的自然补偿，主要有 L 型和 Z 型两种型式；当管道变形比较大管道自身不能在安全使用的条件下补偿时，就需要额外设置补偿器来补偿形变，称为补偿器补偿，主要有方形补偿器、波纹管补偿器、套筒补偿器和球形补偿器等。其中，自然补偿器、方形补偿器、波纹管补偿器是利用补偿材料的变形来吸收热伸长的，套筒补偿器、球形补偿器是利用管道的位移来吸收热伸长的。补偿器的选用原则如表 4.1 所示。

表 4.1　补偿器选用原则

种　类	选用原则
自然补偿器	1. 管道布置时，应尽量利用所有管路原有弯曲的自然补偿，当自然补偿不能满足要求时，才考虑装设其他类型的补偿器。 2. 当弯管转角小于 150°时，可用自然补偿；大于 150°时，不能用自然补偿。 3. 自然补偿器的管道臂长不应超过 20～25 m，弯曲应力不应超过 80 MPa
方形补偿器	1. 供热管网一般采用方形补偿器，只有在方形补偿器不便使用时，才选用其他类型的补偿器。 2. 方形补偿器的自由臂(导向支架至补偿器外臂的距离)，一般为 40 倍公称直径的长度。 3. 方形补偿器须用优质无缝钢管制作，DN＜150 mm 时，用冷弯法制做；DN＞150 mm 时，用热弯法制做；弯头弯曲半径通常为 3～4 倍的 DN
波纹管补偿器	1. 波纹管补偿器补偿能力较小，轴向推力较大，相同补偿量的情况下其尺寸比套筒补偿器要大。 2. 波纹管补偿器用不锈钢制作，钢板厚度一般采用 3～4 mm。 3. 波纹管补偿器的波节以 3～4 个为宜
套筒补偿器	1. 套筒补偿器一般用于管径大于 100 mm、工作压力小于 1.3 MPa(铸铁制)及 1.6 MPa(钢制)的管道上。 2. 由于使用填料密封，一定时期必须向其填充填料，因此不易用于不通行地沟内敷设的管道上。 3. 钢制套筒补偿器有单向和双向两种，一个双向补偿器的补偿能力相当于两个单向补偿器的补偿能力，可用于工作压力不大于 1.6 MPa、安装方形补偿器有困难的供热管道上

续表 4.1

种　类	选用原则
球形补偿器	1. 球形补偿器利用球形管的随机弯转来解决管道的热补偿问题，对于定向位移的蒸汽和热水管道最宜采用。 2. 球形补偿器可以安装于任何位置，工作介质可以由任意一端出入，其缺点是存在侧向位移，易漏，要求加强维修。 3. 安装前须将两端封堵，存放于干燥通风的室内。长期保存时，应经常检查，防止锈蚀

4.3　集中供热系统热力站的施工安装

1. 换热器安装

(1)一般规定。

①由于操作、维修等原因，换热器的安装必须根据不同类型、不同尺寸而安装在合适的位置。

a. 浮头管壳式换热器的固定头盖端留出足够的空间以便能从壳体内抽出管束，外头盖端也须留出 1 m 以上的位置以便装拆外头盖和浮头盖。

b. 固定管板换热器的两端都应留出足够的空间以便能抽出和更换管子，并且用机械法清洗管内时，两端都可对管子进行刷洗操作。

c. U 形管换热器的固定头盖端应留出足够的空间以便抽出管束，也可在其相对的一端留出足够的空间以便能拆卸壳体。

②换热器的支座为一端固定，另一端滑动。

③换热器上接管的荷载不能加在换热器上。

(2)基础。

基础必须足以使换热器不发生下沉，而使管道把过大的变形传到换热器的接管上。

基础一般分两种：一种为砌砖的鞍形基础，换热器上没有鞍式支座而直接放在鞍形基础上，换热器与基础不加固定，可以随着热膨胀而自由移动；另一种为混凝土基础，换热器由地脚螺栓与基础牢固地连接起来。基础施工较复杂，包括挖坑、钉模板、安装地脚螺栓或预留孔的模板、浇灌混凝土、养护和拆除模板等工序，混凝土基础由浇灌完毕到安装换热器一般不应少于 7～14 天。

(3)地脚螺栓的安装。

地脚螺栓的长度约为 100～1 000 mm。常见的地脚螺栓头部做成分叉的或带钩的。地脚螺栓和基础浇灌在一起，可以有两种连接方法。

①一次浇灌法(预埋螺栓法)。在浇灌基础时，预先把地脚螺栓埋入的方法称为一次浇灌法。根据螺栓埋入深度的不同，它可分为全部预埋和部分预埋两种形式，如图 4.15(a)和(b)所示。在部分预埋时，螺栓上端留有一个 100 mm×100 mm 的方形调整孔。用一次浇灌法时，地脚螺栓必须用固定板来定位。图 4.16 所示的是用槽钢制成的地脚螺栓固定板，一般情况下也可以用木板来制造。用固定板固定好地脚螺栓后，在浇灌混凝土以前，要对地

脚螺栓的中心距(A、B、C)、垂直度和标高进行严格的检查。地脚螺栓中心距的允许偏差为3～5 mm、垂直度的允许偏差不大于1/100、标高的允许偏差为5～10 mm。一次浇灌法的优点是能够减少钉模板的工程,增加地脚螺栓的稳定性、坚固性和抗震性;其缺点是不便于调整。

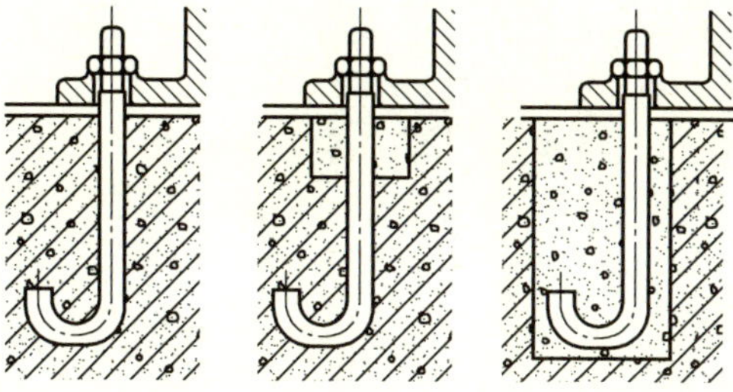

图 4.15　地脚螺栓与基础之间的不可拆卸连接

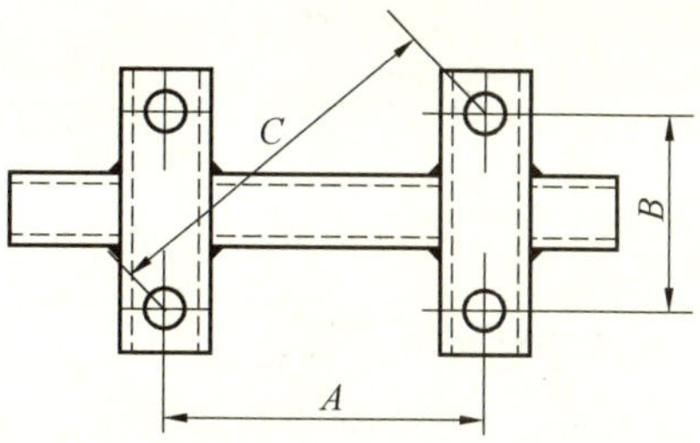

图 4.16　地脚螺栓固定板

②二次浇灌法(预留孔法)。在浇灌基础时,预先在基础内留出地脚螺栓的预留孔,在安装换热器后再穿上螺栓,然后浇灌混凝土或水泥砂浆把地脚螺栓固定,如图 4.15(c)所示。二次浇灌法的优点是便于安装时调整;其缺点是浇灌比较困难。

(4)地脚螺栓的检验。

在浇灌基础时,应严格检查地脚螺栓的中心线位置、垂直度和标高等是否符合技术要求,如果螺栓的位置发生不容许的偏差,将会影响安装,必须设法处理。下面分别介绍常用的几种处理方法。

①中心距偏差的处理。一般受力不大、无振动的情况下,如果地脚螺栓中心距的偏差超过允许值不太大,可先凿去螺栓四周的混凝土,深度约为(8～15)d,然后用氧乙炔火焰加热螺栓至淡樱红色(850 ℃左右),注意温度不能过高,以免引起金属组织改变而降低螺栓的强度。加热后的螺栓可用千斤顶或锤校正,并在弯曲处焊上钢板,防止以后拉直,如图 4.17 所示。螺栓的中心距偏差处理好后,应补灌混凝土。

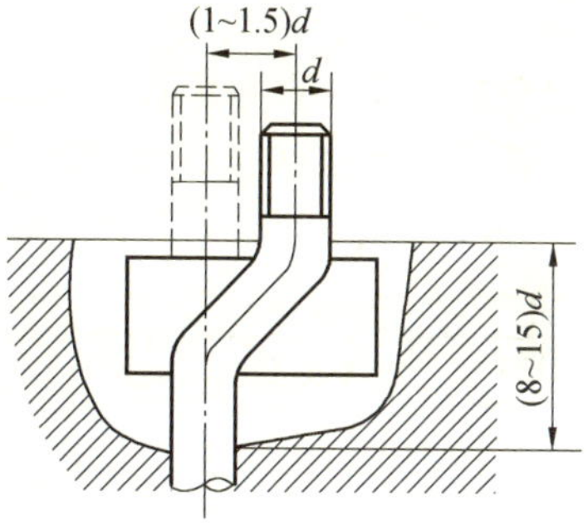

图 4.17　中心距偏差的处理

②标高偏差的处理。螺栓的标高过高,可割去一部分,并重新加工出螺纹。螺栓的标高较低(差数<15 mm),可用氧乙炔火焰将螺栓烤红拉长。拉长后在直径缩小部分的两旁焊上两条钢筋或用大小适宜的钢管进行焊接,如图 4.18(a)和(b)所示。若螺栓的标高很低(差数>15 mm),则不能用烤红拉长的方法来处理,只有将螺栓切断,再焊一根新制的螺栓,并在对接处焊上四条加强钢筋,如图 4.18(c)所示。标高偏差处理好后应补灌混凝土。

③螺栓活拔的处理。在拧紧螺帽时,如果用力过猛,可能将地脚螺栓从基础中拔起来,这种现象称为活拔。活拔的处理方法是将螺栓腰部的混凝土凿去,并在螺栓上焊上两条交叉的 U 形钢筋,然后补灌混凝土,这样即可将活动了的螺栓固定牢固,如图 4.19 所示。

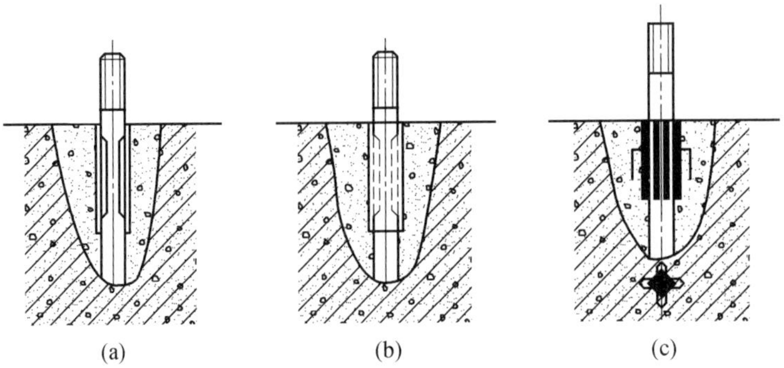

图 4.18　标高偏差的处理

(5)基础质量的检查和验收。

在安装换热器之前，应严格地进行基础质量的检查和验收工作，才能保证安装质量，缩短安装周期。检查的主要项目如下。

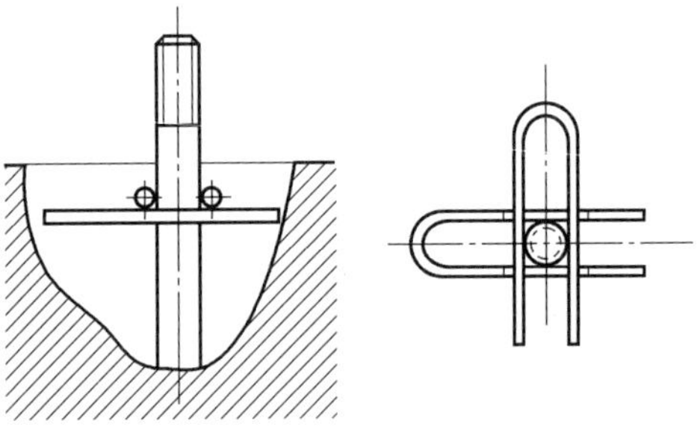

图 4.19　螺栓活拔的处理

①基础工程的表面概况。

②基础的标高和平面位置(坐标)是否符合设计要求。

③基础的形状和主要尺寸(长、宽)，以及基础预留孔是否符合设计要求。

④地脚螺栓的位置是否正确，螺纹情况是否良好，螺纹长度是否符合标准，螺帽和垫圈是否齐全。

⑤放置垫板的基础表面是否平整。

⑥中心标板和标高基准点的埋设、纵横中心线和标高的标记，以及基准点的编号等是否正确。基础验收时的尺寸偏差允许值如表 4.2 所示。

表 4.2　尺寸偏差允许值

检查项目		允许偏差		
混凝土基础	主要尺寸(长、宽等)	±30 mm		
	基础表面的标高	−10～+5 mm		
	沟坑、孔和凹凸部分尺寸	−10～+20 mm		
	沟坑、孔和凹凸部分标高	±10 mm		
地脚螺栓		螺栓直径/mm		
		＜50 mm	50～100 mm	＞100 mm
	标高	±5 mm	±8 mm	±10 mm
	中心距	±3 mm	±4 mm	±5 mm
	垂直度(mm/m)	10	10	10
中心标板上冲点的位置		±1 mm		
基准点上的标高		±0.5 mm		

(6)基础表面上铲麻面和放垫板。

①铲麻面。基础验收完毕,在设备安装之前,应在基础的上表面(除放垫板的地方以外)铲出一些小坑,即铲麻面。其目的是使二次灌浆时浇灌的混凝土或水泥砂浆能与基础紧密地接合起来,从而保证设备的稳固。

铲麻面的方法有两种:手工法和风铲法。

铲麻面的质量要求是:每 100 cm 内应有 5～6 个直径为 10～20 mm 的小坑。

②放垫板。在安装换热器之前,必须在基础上放垫板,安放垫板处的基础表面必须铲平,使垫板与基础表面能很好接触。

垫板厚度可以调整,使换热器能达到设计的水平度和标高。垫板放置后可增加换热器在基础上的稳定性,并将其质量通过垫板均匀地传递到基础上去。

垫板的种类很多,可分为平垫板、斜垫板和开口垫板,如图 4.20 所示,其中斜垫板必须成对使用。

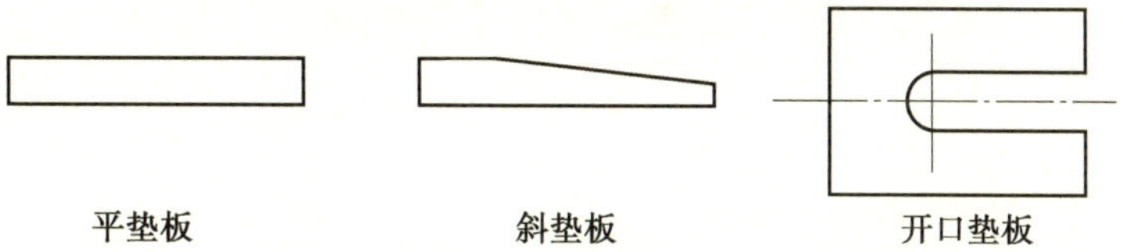

图 4.20　垫板的种类

垫板的面积、组数和放置方法应根据设备的质量和底座面积的大小来确定。常见的放置垫板的方法是在每一个地脚螺栓两侧各放一组垫板,如图 4.21(a)和(b)所示。当设备直径小于 1 200 mm 时,也可以在每一个地脚螺栓处放一组开口垫板,如图 4.21(c)和(d)所

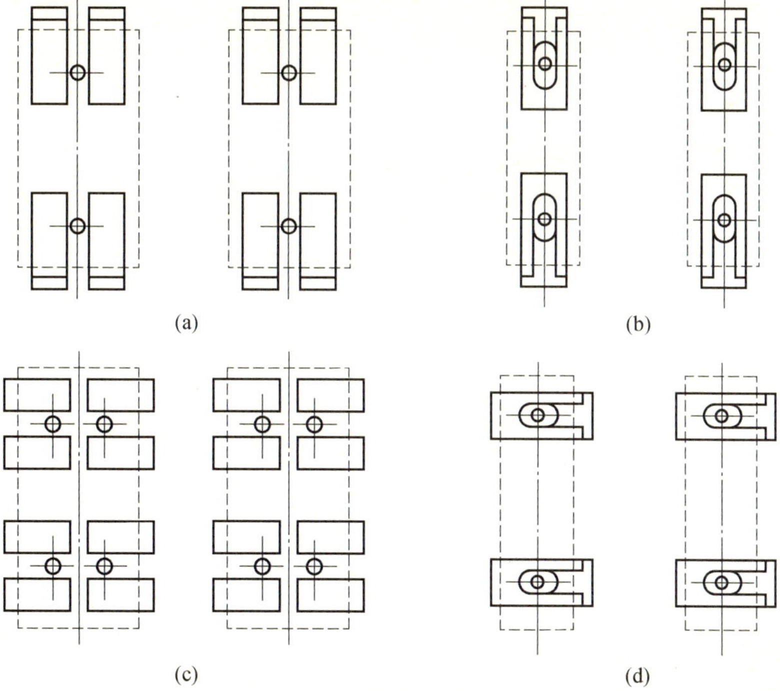

图 4.21　垫板的安放位置

示。图 4.21(a)和(c)中，垫板都是放在底板的两端，工作时可以钻在设备的外侧，故较方便。但换热器因热膨胀而伸长时，用此种形式放置垫板会阻碍设备的伸长。而图 4.21(b)和(d)中垫板放置的形式就不会阻碍设备的伸长，但工作时须钻在换热器下面两个基础之间，故操作不方便。

为了便于调整，垫板要露出底座外边约 25～30 mm，垫板与地脚螺栓边缘应相距(1～2)d，如图 4.22(a)和(b)所示。如果垫板离地脚螺栓太远，则在拧紧地脚螺栓时，底座的受力情况恰如承受集中载荷的双支承梁，这样在底座的断面内会产生过大的附加弯曲应力；如果垫板离地脚螺栓太近，则二次灌浆不方便。垫板的高度最好为 30～60 mm。如果垫板高度太低，会造成二次灌浆时捣固的困难；若垫板高度太高，则设备在基础上的稳定性会下降。垫板的表面应平整。每组垫板块数不应太多，一般不超过 3～4 块，以保证它有足够的刚性和稳定性。厚的垫板应放在下面，薄的垫板则放在上面，最薄的应夹在中间，以免产生翘曲变形。各组垫板的顶面应处于同一标高。同一组垫板中，垫板的尺寸要一样，放置必须整齐。设备安装好后，同一组垫板应点焊在一起，以免工作时松动。

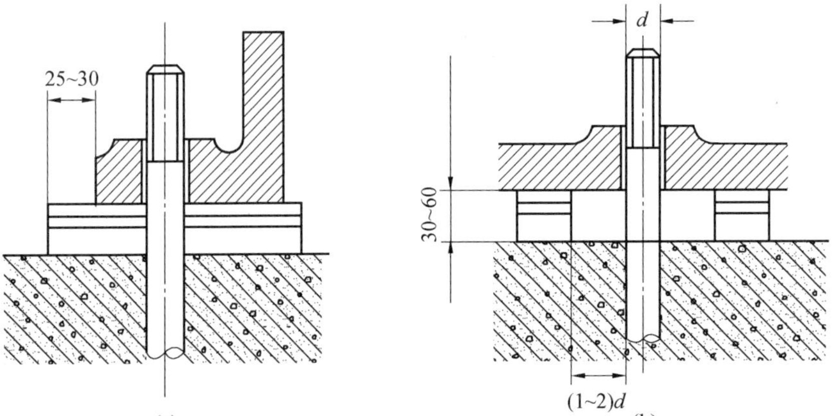

图 4.22　垫板的放置位置

(7)设备的运输与就位。

设备运输时须经有关人员批准，应考虑搬运途径，大型管壳式换热器单位面积质量特别大，在运输过程中须注意地面、桥梁等的承载能力及地下埋置的配管等，必要时须对地面及桥梁采取一些措施。

换热器就位后，须用水平仪对换热器进行找平。如果不平，则须调整垫板的高度，使之达到水平，这样可使各接管都能在不受力的情况下连接。设备找平后，可拧紧地脚螺栓，要注意均匀紧固，可采取对称紧固法。在紧固过程中，应注意设备中心线不得变动。地脚螺栓拧紧后，如果因考虑热膨胀而须将一只支座作为可移动的，则在移动的支座下应加垫板，以减少热膨胀时的摩擦阻力。然后将这只支座的地脚螺栓的螺母倒退一圈，再用上面的另一个螺母将其锁紧。

安装完毕，原则上在配管施工开始之前，开孔都应保持密封状态。当两个以上重叠式换热器安装时，应在下部换热器找正完毕，并用地脚螺充分固定后，再安装上部换热器。

2. 水泵安装

(1)一般规定。

①安装前应检查泵的基础尺寸、位置和标高,并应符合工程设计要求。

②水泵安装前应开箱检查。

a. 水泵的零件和附件是否符合技术文件的规定,并且有没有缺件、损坏和锈蚀等,管口是否有保护盖子。

b. 应核对水泵的主要尺寸是否符合设计文件的要求。

c. 应核对输送特殊介质水泵的主要零件、密封件,以及垫片的品种和规格是否符合设计文件的要求。

③水泵出厂时已装配、调整完善的部分不得拆卸。

④驱动机和泵连接时,应以泵的轴线为基准找正;驱动机和泵之间有中间机器连接时,应以机器轴线为基准找正。

⑤水泵进出口管道安装。

a. 管子内部和管端应清洗洁净,消除杂物,密封面与螺纹不应损伤。

b. 吸入管道和输出管道应有各自的支架,不得将荷重加在泵上。

c. 连接的法兰面应平行,螺纹管接头轴线应对中,不应强行法兰螺栓或管接头连接。

d. 管道与泵连接后,应符合泵的原找正精度,当发现管道连接引起偏差时,应调整管道。

e. 管道与泵连接后,不应在其上进行焊接和气割,当需要焊接和气割时,应拆下管道或采取必要的措施,并应防止焊渣进入泵内。

f. 泵的吸入管道和输出管道的配置应符合设计要求。

⑥润滑、密封、冷却和液压等系统的管道应清洗洁净,保持畅通。

⑦泵的试运转应在其各附属设备系统单独试运转正常后进行。

⑧泵应在有介质的情况下进行试运转,试运转的介质或代用介质均应符合设计要求。

(2)离心泵安装。

①水泵的清洗和检查应符合下列要求。

a. 整体出厂的泵在防锈保证期内,其内部零件不宜拆卸,只清洗外表。当超过防锈保证期或有明显缺陷需拆卸时,其拆卸、清洗和检查应符合设备技术文件的规定。当无规定时,应符合下列要求:拆下叶轮部件应清洗洁净,叶轮应无损伤;冷却水管路应清洗洁净,并应保持畅通;管道泵和共轴式泵不宜拆卸。

b. 解体出厂的泵的清洗和检查应符合下列要求:泵的主要零件、部件和附属设备、中分面和套装零件、部件的端面不得有擦伤和划痕;轴的表面不得有裂纹、压伤及其他缺陷;清洗洁净后应去除水分,并应将零件、部件和设备表面涂上润滑油和按装配的顺序分类放置;泵壳垂直中分面不宜拆卸和清洗。

②整体安装的泵,纵向安装水平偏差不应大于 0.10/1000,横向安装水平偏差不应大于 0.20/1000,并应在泵的进出口法兰面或其他水平面上进行测量;解体安装的泵,纵向和横向安装水平偏差均不应大于 0.05/1000,并应在水平中分面、轴的外露部分、底座的水平加工面上进行测量。

③泵的找正应符合下列要求。

a. 驱动机轴与泵轴、驱动机轴与变速器轴以联轴器连接时，两半联轴器的径向位移、端面间隙、轴线倾斜均应符合设备技术文件的规定。当无规定时，应符合现行国家标准《机械设备安装工程施工及验收通用规范》(GB 50231—2009，以下简称“机械设备安装规范”)的规定。

b. 驱动机轴与泵轴以皮带连接时，两轴的平行度、两轮的偏移应符合“机械设备安装规范”的规定。

c. 汽轮机驱动的泵和输送高温、低温液体的泵(锅炉给水泵、热油泵、低温泵等)在常温状态下找正时，应按设计规定预留其温度变化的补偿值。

④高转速泵或大型解体泵安装时，应测量转子叶轮、轴套、叶轮密封环、平衡盘、轴颈等主要部位的径向和端面跳动值，其允许偏差应符合设备、技术文件的规定。

⑤转子部件与壳体部件之间的径向总间隙应符合设备技术文件的规定。

⑥叶轮在蜗室内的前轴向、后轴向间隙，节段式多级泵的轴向尺寸均应符合设备技术文件的规定；多级泵各级平面间原有垫片的厚度不得变更。高温泵平衡盘(鼓)和平衡套之间的轴向间隙、单壳体节段式泵应为 0.04～0.08 mm，双壳体应为 0.35～1 mm；推力轴承和止推盘之间的轴向总间隙，单壳体节段式泵应为 0.5～1 mm，双壳体泵应为 0.5～0.7 mm。

⑦叶轮出口的中心线应与泵壳流道中心线对准；多级泵在平衡盘与平衡板靠紧的情况下叶轮出口的宽度应在导叶进口宽度范围内。

⑧滑动轴承轴瓦背面与轴瓦座应紧密贴合，其过盈值应在 0.02～0.04 mm 的范围内；轴瓦与轴颈的顶间隙和侧间隙均应符合设备技术文件的规定。

⑨滚动轴承与轴和轴承座的配合公差、滚动轴承与端盖间的轴向间隙，以及介质温度引起的轴向膨胀间隙、向心推力轴承的径向游隙及其预紧力，均应按设备技术文件的要求进行检查和调整。当无规定时应按“机械设备安装规范”的规定执行。

⑩组装填料密封径向总间隙应符合设备技术文件的规定。当无规定时，应符合表 4.3 的要求，填料压紧后，填料环进液口与液封管应对准或使填料环稍向外侧。

表 4.3　组装填料密封的要求

序号	组装件名称	径向总间隙/mm
1	填料环与轴套	1.00～1.50
2	填料环与填料箱	0.15～0.20
3	填料压盖与轴套	0.75～1.00
4	填料压盖与填料箱	0.10～0.30
5	有底环时底环与轴套	0.70～1.00

⑪机械密封、浮动环密封、迷宫密封及其他形式的轴密封件的各部间隙和接触要求均应符合设备技术文件的规定。当无规定时，应符合“机械设备安装规范”的规定。

⑫轴密封件组装后，盘动转子转动应灵活；转子的轴向传动量应符合设备技术文件的规定。

⑬双层壳体泵的内壳、外壳组装时，应按设备技术文件的规定保持对中；对头螺栓拧紧的拉伸量和螺母旋转角度应符合设计规定。

⑭泵试运转前的检查应符合下列要求。

a. 驱动机的转向应与泵的转向相符。

b. 应查明管道泵和共轴泵的转向。

c. 应检查屏蔽泵的转向。

d. 各固定连接部位应无松动。

e. 各润滑部位加注润滑剂的规格和数量应符合设备技术文件的规定，有预润滑要求的部位应按规定进行预润滑。

f. 各指示仪表、安全保护装置及电控装置均应灵敏、准确、可靠

g. 盘车应灵活、无异常现象。

⑮高温泵在高温条件下试运转前，除应符合⑭的规定外，还应符合下列要求。

a. 试运转前应进行泵体预热，温度应均匀上升，每小时升不应大于 50 ℃；泵体表面与有工作介质的进口工艺管道的温差不应大于 40 ℃。

b. 预热时应每隔 10 min 盘车半圈；温度超过 150 ℃时，应每 5 min 盘车半圈。

c. 泵体机座滑动端螺栓处和导向键处的膨胀间隙均应符合设备技术文件的规定。

d. 应接通轴承部位和填函的冷却液。

e. 应开启入口阀门和放空阀门，并排出泵内气体，预热到规定温度后，关闭放空阀门。

⑯低温泵在低温介质下试运转前，除应符合⑭的规定外，还应符合下列要求。

a. 预冷前打开旁通管路。

b. 按工艺要求对管道和蜗室内进行除湿处理。

c. 预冷时，应全部打开放空阀门，宜先用低温气体进行冷却，然后再用低温液体冷却，缓慢均匀地冷却到运转温度直到放空阀口流出液体，再将放空阀门关闭。

d. 泵采用机械密封时，应放出密封腔内空气。

⑰泵启动时应符合下列要求。

a. 离心泵应打开吸入管路阀门，关闭排出管路阀门；高温泵和低温泵应按设备技术文件的规定执行。

b. 泵的平衡盘冷却水管路应畅通；吸入管路应充满输送液体，并排尽空气，不得在无液体情况下启动。

c. 泵启动后应快速通过喘振区。

d. 转速正常后应打开出口管路的阀门，出口管路阀门的开启不宜超过 3 min，并将泵调节到设计工况，不得在性能曲线驼峰处运转。

⑱泵试运转时应符合下列要求。

a. 各固定连接部位不应有松动。

b. 转子及各运动部件运转应正常，不得有异常声响和摩擦现象。

c. 附属系统的运转应正常；管道连接应牢固、无渗漏。

d. 滑动轴承的温度不应大于 70 ℃；滚动轴承的温度不应大于 80 ℃；特殊轴承的温度应符合设备技术文件的规定。

e. 各润滑点的润滑油温度、密封液和冷却水的温度均应符合设备技术文件的规定；润滑

油不得有渗漏和雾状喷油现象。

f. 泵的安全保护和电控装置及各部分仪表均应灵敏、正确、可靠。

g. 机械密封的泄漏量不应大于 5 m/h，填料密封的泄漏量不应大于表 4.4 的规定，且温升应正常；杂质泵及输送有毒、有害、易燃、易爆等介质的泵，密封的泄漏量不应大于设计的规定值。

表 4.4　填料密封的泄漏量

设计流量/($m^3 \cdot h^{-1}$)	≤50	50～100	100～300	300～1 000	>1 000
泄漏量/($mL \cdot min^{-1}$)	15	20	30	40	60

h. 工作介质相对密度小于 1 的离心泵，用水进行试运转时，应控制电动机的电流不得超过额定值，且水流量不应小于额定值的 20%；用有毒、有害、易燃、易爆、颗粒等介质进行运转的泵，其试运转应符合设备技术文件的规定。

i. 低温泵不得在节流情况下运转。

j. 需要测量轴承体处振动值的泵，应在运转无汽蚀的条件下测量。

k. 泵在额定工况点连续试运转时间不应小于 2 h；高速泵及特殊要求的泵试运转时间应符合设备技术文件的规定。

⑲泵停止试运转后，应符合下列要求。

a. 离心泵应关闭泵的入口阀门，待泵冷却后应依次关闭附属系统的阀门。

b. 高温泵停车应按设备技术文件的规定执行；停车后应每隔 20～30 min 盘车半圈，直到泵体温度降至 50 ℃为止。

c. 低温泵停车时，当无特殊要求时，泵内应经常充满液体；吸入阀和排出阀应保持常开状态；采用双端面机械密封的低温泵，液位控制器和泵密封腔内的密封液应保持泵的灌泵压力。

d. 输送易结晶、凝固、沉淀等介质的泵，停泵后应防止堵塞，并及时用清水或其他介质冲洗泵和管道。

e. 应放净泵内积存的液体，防止锈蚀和冻裂。

(3)水泵吸入和出口管路的配置要求。

①泵的吸入和排出管路的配置应符合下列要求。

a. 所有与泵连接的管路应具有独立、牢固的支承，以消减管路的振动和防止管路的荷重压在泵上。

b. 吸入和排出管路的直径不应小于泵的入口和出口直径。

c. 吸入管路宜短且宜尽可能少地采用弯头。

d. 当采用变径管时，变径管的长度不应小于大小管径差的 5～7 倍。

e. 吸入管路内不应有窝存气体的地方，如图 4.23 所示。当泵的安装位置高于吸入液面时吸入管路的任何部分都不应高于泵的入口。水平直管段应有倾斜度(泵的入口处高)，并不宜小于 5/1 000～20/1 000。

f. 高温管路应设置膨胀节，防止热膨胀产生的力完全作用于泵上。

g. 工艺流程和检修需要的阀门应按需要设置。

h. 两台及以上的泵并联时，每台泵的出口均应装设止回阀。

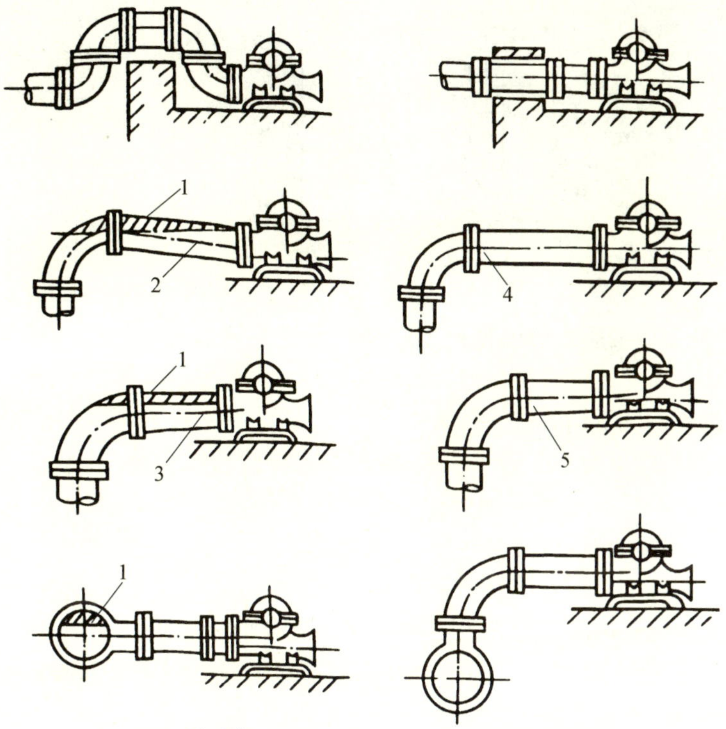

(a) 不正确　　(b) 正确

图 4.23　吸入管路正确与不正确安装

1—空气团；2—向水泵下降；3—同心变径管；4—向水泵上升；5—偏心变径管

②离心泵的吸入管路配置应符合下列要求。

a. 泵入口前的直管段长度不应小于入口直径 D 的 3 倍，如图 4.24 所示。

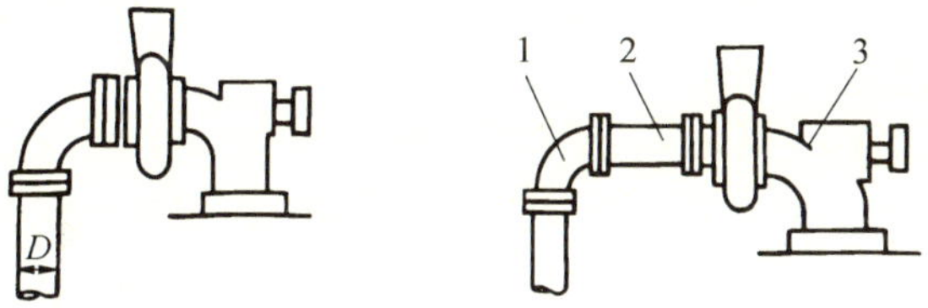

(a) 不正确　　(b) 正确

图 4.24　吸入管安装

1—弯管；2—直管段；3—泵

b. 当泵的安装位置高于吸入液面，泵的入口直径 $D<350$ mm 时应设置底阀；入口直径 $D>350$ mm 时，应设置真空引水装置。

c. 吸入管口浸入水面下的深度 a 不应小于入口直径 D 的 1.5～2 倍，且不应小于 500 mm；吸入管口距池底的距离 b 不应小于入口直径 D 的 1～1.5 倍，且不应小于 500 mm；吸入管口中心距池壁的距离 c 不应小于入口直径 D 的 1.25～1.5 倍；相邻两泵吸入口中心距离 d 不应小于入口直径 D 的 2.5～3 倍，如图 4.25 所示。

d. 当吸入管路装置滤网时，滤网的总过流面面积不应小于吸入管口面积的 2～3 倍。

e. 为防止滤网堵塞，可在吸水池进口或吸入管周围加设拦污网或拦污栅。

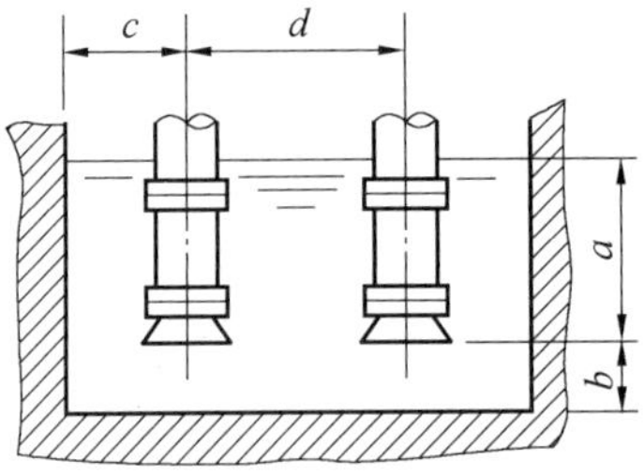

图 4.25　吸入池尺寸

f. 泥浆泵、灰渣泵和砂泵应在倒灌情况下运转。倒灌高度宜为 2～3 m，且吸入管宜倾斜 30°。

③离心泵的排出管路配置应符合下列要求。

a. 应装设闸阀，其内径不应小于管子内径；旋涡泵还应装设安全阀。

b. 当扬程大于 20 m 时，应装设止回阀。

c. 杂质泵的进出口管路均不应急剧转弯，防止堵塞。

④轴流泵和混流泵的管路配置应符合下列要求。

a. 水泵入口中心距池壁的距离应为吸入喇叭管直径 D 的 0.1～1.25 倍，吸入管距池底的距离应为吸入喇叭管直径 D 的 0.7～0.8 倍，相邻两泵的吸入口中心之间的距离不成小于吸入喇叭管直径 D 的 2～2.5 倍。

b. 排出管路应装设止回阀（或拍门）；泵排出口与止回阀之间应装扩散管，扩散管的长度不应小于大小管径差的 5～7 倍。

c. 蜗壳式混流泵的配管应按离心泵执行。

⑤机动往复泵和蒸汽往复泵的管路配置应符合下列要求。

a. 排出管路应装设安全阀。

b. 宜在泵入口处设吸入空气室，以提高泵的吸入性能；在泵的出口处可根据需要装设排出空气室，以稳定流量和排出压力。

⑥计量泵的管路配置应符合下列要求。

a. 泵宜在倒灌情况下工作，以保证随时可以传动，并保证计量精度。

b. 排出管路不宜采用“T”形配管，防止停泵后由于虹吸作用而降低计量精度。当需要采用“T”形配管时，应在管的最高点处装设真空破坏阀。

⑦螺杆泵的管路配置应符合下列要求。

a. 宜在每台泵的止回阀旁装一个小的回流阀以预热备用泵。

b. 吸入管口应装设过滤器，滤网的规格应根据工作情况和介质确定，可采用 40～80 目。滤网总过流面面积不得小于进口面积的 20 倍。

⑧水环式真空泵的管路配置应答合下列要求。

水环式真空泵的调节阀应设置在靠近泵入口的吸入管路上；当采用水环压缩机时，其调节阀应设在分离器的排出管路上。

3. 通用组件安装

(1)分汽缸、分水器、集水器安装要求。

①应在设备两端设支架。

②分汽缸、分水器、集水器本体上均应装设压力表、温度表。

③分汽缸、分水器各分支管路阀门后应装设压力表。

④集水器各分支管路阀门前应装设温度表。

⑤同类型的温度表和压力表应排列整齐、美观。

(2)除污器安装要求。

除污器应按设计或标准图组装,安装除污器应按热介质流动方向,进、出口不得装反,除污器的排污口应朝向便于检修的位置。

(3)减压器安装要求。

①减压器应按设计或标准图组装。一般应装有高压表、低压表、高压安全阀、低压安全阀、过滤器、旁通阀,以及减压器检修时的控制阀门。

②减压器应安装在便于观察和检修的托架(或支座)上,安装应平整、牢固。

③减压器安装完后,应根据使用压力调试,并设置调试标志。

(4)疏水器安装规定。

①疏水器应按设计或标准图组装,并安装在便于操作和检修的位置,安装应平整,支架应牢固。连接管路应有坡度,出口的排水管与凝结水干管相接时,应连接在结水干管的上方。

②疏水器必须装过滤网并设旁通管。

③疏水器后必须装设检查阀门。

④管道和设备需设疏水器时,必须做排污短管(座),排污短管(座)应有不小于 150 mm 的存水高度,在存水高度线上部开口接疏水器,排污短管(座)下端成设法兰盖。

(5)水位表安装规定。

①水位表应有指示最高、最低水位的明显标志。玻璃管的最低可见边缘应比最低安全水位低 25 mm;最高可见边缘应比最高安全水位高 25 mm。

②玻璃管式水位计应有保持装置。

③水位表应有放水旋塞或放水阀门,放水管应接到安全地点。

(6)安全阀安装要求。

①安全阀安装前应按下列规定进行检验。

a.在两个方向检查其垂直度,发现倾斜时应予以校正。

b.安全阀在安装前,应按设计规定进行试调。当设计无规定时,其开启压力为工作压力的 1.05～1.15 倍,回座压力应大于工作压力的 0.9 倍。试调时压力应稳定,每个安全阀开闭试验不应少于三次。调校条件不同的安全阀应在试运行时及时调校。

c.安全阀的最终调整应在热力网达到设计压力参数时进行,开启压力和回座压力应符合设计规定值。安全阀最终调整后,在工作压力下不得有泄现象。

d.安全阀调整合格后,重做铅封,并填写安全阀调整试验记录。

②杠杆式安全阀要有防止重锤自行移动的装置和限制杠杆越出的导架。

③弹簧式安全阀要有提升手把和防止随便拧动、调整螺丝的装置。

④静重式安全阀要有防止重片飞脱的装置。

⑤冲量式安全阀接入导管上的阀门要保持全开,并加铅封。

⑥蒸汽管道和设备上的安全阀应有通向室外的排汽管,并应有接到安全地点的泄水管。

在排汽管和泄水管上不得装设阀门。

(7)压力表安装要求。

①压力表应安装在便于观察和清洗的位置,并防止受高温、冰冻和振动的影响。

②压力表应设有内径不小于 10 mm 的缓冲管。

③压力表和缓冲管之间应设阀门,蒸汽管道安装压力表时不得用旋塞

④力表的满刻度值,当设计无规定时,应为工作压力的 1.5～2 倍。

(8)套管温度计安装要求。

管道和设备上的各类套管、温度计应安装在便于观察的部位,底部应插入流动的介质内,不得安装在引出的管段上。

(9)排气阀安装要求。

管道和设备上的排气阀门,在排气点距地面高于 2 m 时,排汽阀门应装设在距地面 1.5 m 处便于安全操作的位置。

4.站内管道安装要求

换热站管道安装要求过程中,当临时中断安装时应对管口进行封闭。管道穿越基础、墙壁和楼板,应配合土建施工预埋套管或预留孔洞,并应符合以下规定:

(1)管道环形焊缝不应置于套管和孔洞内;

(2)当穿墙时,套管两侧应伸出墙面 20～25 mm;当穿楼板时,套管应高出楼板面 50 mm;

(3)套管与管道之间的空隙应填塞柔性材料;

(4)预埋套管中心的允许偏差不应大于 0～10 mm,预留孔洞中心的允许偏差不应大于 0～25 mm;

(5)当设计无要求时,套管直径应比保温管道外径大 50 mm;

(6)位于套管内的管道保温层外壳应做保护层。

换热站内管道水平安装的支架、吊架间距无要求时,其间距不得大于表 4.5 的规定。

表 4.5　站内管道支架、吊架的间距

管道公称直径/mm	25	32	40	50	65	80	100	125	150	200	250
间距/m	2.0	2.5	3.0	3.0	4.0	4.0	4.5	5.0	6.0	7.0	8.0
管道公称直径/mm	300	350	400	450	500	600	700	800	900	1 000	1 200
间距/m	8.5	9.0	9.5	10.0	12.0	13.0	15.0	15.0	16.0	16.0	18.0

在水平管道上安装法兰连接的阀门,当管道的公称直径大于或等于 125 mm 时,两侧应分别设支架或吊架;当管道的公称直径小于 125 mm 时,一侧应设支架或吊架。在垂直管道上安装阀门应符合设计要求,当设计无要求时,阀门上部的管道应设吊架或托架。

管道支架、吊架的安装应符合下列规定。

(1)安装位置准确,埋设应平整牢固。

(2)固定支架卡板与管道接触应紧密,固定应牢固。

(3)滑动支架的滑动面应灵活,滑板与滑槽两侧间应留有 3～5 mm 的空隙,偏移量应符合设计要求;

(4)无热位移管道的支架、吊杆应垂直安装。有热位移管道的吊架、吊杆应向热膨胀的反方向偏移。

当管道与设备连接时,设备不应承受附加外力,不得使异物进入设备内。管道与泵或阀门连接后,不应再对该管道进行焊接或气割。

站内管道及管路附件的安装应符合下列规定。

(1)管道安装的允许偏差及检验方法应符合表4.6的规定。

(2)当管道并排安装时应相互平行,在同一平面上的允许偏差为±3mm。

(3)法兰和阀门的安装应按《城镇供热管网工程施工及验收规范》的相关规定执行,阀门的阀杆宜平行放置。

施工完成后,应对站内的管道及管路附件按设计要求设置标识。

表4.6 管道安装的允许偏差及检验方法

项目		允许偏差		检验方法
		钢制管	塑料管和复合管	
水平安装	DN≤100 mm	每米≤1.0 mm	每米≤1.5 mm	用水平尺、直尺、拉线和尺量检查
		全长≤13 mm	全长≤25 mm	
	DN>100 mm	每米≤1.5 mm	每米≤1.5 mm	用水平尺、直尺、拉线和尺量检查
		全长≤25 mm	全长≤25 mm	
垂直安装		每米≤2.0 mm	每米≤2.0 mm	吊线和尺量检查
		全高≤10 mm	全高≤25 mm	

4.4 集中供热系统热力站的竣工验收

集中供热系统热力站的竣工验收,由单项工程验收及各个单项工程全部验收后进行的总验收两部分构成,并应分别进行。总验收应在管网总试压、清洗和试运行合格后进行。建设单位只对集中供热系统热力站的总承包单位进行工程验收。

单项工程竣工后,总承包单位应向建设单位送交单项工程竣工报告,建设单位应按下列要求及时进行验收。

(1)按设计图、技术文件及设计变更等,对单项工程所含的各分部分项工程是否符合设计要求进行逐项核查。

(2)按《城镇供热管网工程施工及验收规范》的规定对分部分项工程的质量进行检查和评定,重点是:承重或受力结构;管道、管件及支架安装、焊接、防腐和保温;标准设备安装和非标准设备的制造、安装。

(3)施工单位应提供下列资料:施工组织设计或施工技术措施;施工记录或施工日志;工程质量自检记录、工程质量管理部门的评定结论;材料、管件的产品合格证、材质单和分析检验报告;设备的产品合格证、设备带的专用工具和备件的移交证明;《城镇供热管网工程施工及验收规范》中规定施工单位应进行的各种检查、检验的记录;竣工测量资料;竣工图。

(4)验收合格的工程,应填写资料移交单和工程验收记录。

(5)单项工程验收合格后，在管网总试压、清洗和试运行中出现的问题仍由施工单位处理。供热管网工程总验收是由建设单位对工程进行的验收，并应在试运行之间进行。签署验收文件后，建设单位应向上级领导部门呈送供热管网工程竣工报告。

总验收应对下列事项进行鉴别。

(1)供热管网输热能力是否可以达到设计任务书规定的数值，输热损耗是否高于国家规定标准，管网末端的水力工况、热力工况能否满足末端用户的需要。

(2)管网在工作状态下是否严密，管道支架和热补偿装置是否正常、可靠。

(3)计量是否准确，安全装置能否达到灵敏、可靠的标准。

(4)各种设备的性能及工作状况怎样，性能是否稳定运转，设备产生的噪声应不高于国家规定标准。

(5)管网防腐工程施工质量是否良好，管网是否可以达到设计预定的使用年限。

(6)工程档案资料是否符合要求。

工程交接验收前，施工单位还应向建设单位提交下列技术文件。

(1)管道组成件及管道支撑件的质量证明书或复验、补验报告。

(2)材料牌号、化学成分和机械性能复验结果。

(3)施工记录和试验报告：阀门试验记录；高压管件加工记录；安全阀调试记录；热处理报告：管道补偿装置安装记录；管道系统压力试验记录；管道系统吹扫及清洗记录；射线照相检验报告：超声波检验报告；焊缝探伤报告；其他试验报告。

(4)设计文件修改及材料代用报告。

(5)要求 100%射线照相检验的管道，应在单线图上准确表明焊缝位置、焊缝编号、焊工代号、无损检验方法、焊缝补焊位置、热处理焊口编号。对抽样射线照相检验的管道，其焊缝位置、焊缝编号、焊工代号、无损检验方法、焊缝补焊位置、热处理焊口编号等应有可追溯性记录。

工程交接验收时因客观条件限制未能全部完成的工程，在不影响安全试运行的条件下，经建设单位同意，可办理工程交接验收手续，但遗留工程必须限期完成。

单位工程验收合格后需签署验收文件，并按照附录 17 的规定执行。

竣工验收合格判定应符合下列要求。

(1)分项工程符合下列条件为合格。

①主控项目的合格率应达到 100%。

②一般项目的合格率达到 80%，且最大偏差小于允许偏差的 1.5 倍，可判定为合格。

(2)分部工程应所有分项为合格，则该分部工程为合格。

(3)单位工程应所有分部为合格，则该单位工程为合格。

工程竣工质量验收还应符合下列规定。

(1)工序(分项)交接检验应在施工班组自检、互检的基础上由检验人员进行，检验完成后应填写质量验收报告，并可按附录 18 规定填写执行；

(2)分部检验应在工序交接检验的基础上进行，检验完成后应填写质量验收报告，并可按附录 19 的规定执行；

(3)单位工程检验应在分部检验或工序交接检验的基础上进行，检验完成后应填写质量验收报告，并可按附录 20 的规定执行。

思政案例

在某城市的集中供热工程验收过程中，施工方与监理方共同完成了对供热管网的全面检测，包括管道压力测试、热力站设备运行调试和用户端供热效果确认。验收过程中，施工方主动承担质量责任，对检测中发现的管道连接处不符合规范的问题立即进行整改，并对周边可能受影响的居民区进行了通告和解释，确保安全供热。监理方则严格按照国家标准进行验收，确保每一个环节都符合要求。他们不仅关注工程的技术指标，还对施工过程中是否遵守环保法规进行了检查。最终，该集中供热系统在验收合格后成功投入使用，为市民提供了稳定、高效的冬季供暖服务。

这一案例充分体现出工程人员在集中供热系统验收中的职业道德、责任意识和使命担当，为城市的正常运转和居民的幸福生活提供了坚实的保障。同学们在日后也要正确看待工作中出现的问题，将“安全第一、质量至上”的理念深植于心，把安全理念与责任意识贯穿于项目建设的全过程，严格遵守国家标准，确保工程质量达标。一旦遇到问题，要主动寻找解决问题的办法，承担相应责任，坚守职业道德，深刻理解工程人员的社会责任并付诸实际行动。

模块5 集中供热系统的调节、运行与维护管理

5.1 集中热水供热系统供热调节原理

1. 集中热水供热系统供热调节的方式及方法

一个热水供热系统可能包括供暖、通风空调、热水供应和生产工艺用热等多个热用户。这些热用户的热负荷并不是恒定不变的，供暖、通风空调热负荷会随着室外条件（主要是室外气温）的变化而变化，热水供应和生产工艺热负荷会随使用条件等因素的变化而变化。为了保证供热量能满足热用户的使用要求，避免水力失调和热能的浪费，需要对热水供热系统进行供热调节。

热水供热系统的调节方式，按运行调节地点不同分为以下3种。

①集中（中央）调节：在热源处进行的调节。

②局部调节：在热力站或用户入口处进行的调节。

③个体调节：直接在散热设备（散热器、暖风机、换热器）处进行的调节。

集中供热调节容易实施，运行管理方便，是最主要的供热调节方式之一。对于包括多种热负荷用户的热水供热系统，因为供暖热负荷通常是系统最主要的热负荷，进行供热调节时可按照供暖热负荷随室外气温的变化规律在热源处对整个系统进行集中调节，使供暖热用户散热设备的散热量与供暖热用户热负荷的变化规律相适应。其他热负荷用户（如热水供应、通风等热负荷用户），因其变化规律不同于供暖热负荷，需要在热力站或用户入口处进行局部调节以满足其需要。

集中供热调节的主要方法如下。

①质调节：改变网路供、回水温度，不改变流量的调节方法。

②量调节：改变网路流量，不改变供、回水温度的调节方法。

③分阶段改变流量的质调节：在整个供暖期中按室外气温的高低分成几个阶段，在室外气温较低的阶段中，保持较大的流量；在室外气温较高阶段中，保持较小流量。在每一个阶段内，维持网路循环水量不变，按改变网路供水温度的质调节进行供热调节。

④间歇调节：改变每天供热时间的调节方法。

2. 集中热水供热系统供热调节的原则

（1）热水供热系统应采用热源处集中调节、热力站及建筑引入口处的局部调节和用热设备单独调节三者相结合的联合调节方式，并宜自动调节。

（2）对于只有单一供暖热负荷且只有单一热源（包括串联尖峰锅炉的热源），或尖峰热源

与基本热源分别运行的热水供热系统，在热源处应根据室外温度的变化进行集中质调节或集中“质一量”调节。

(3)对于只有单一供暖热负荷，且尖峰热源与基本热源联网运行的热水供热系统，在基本热源未满负荷阶段应采用集中质调节或“质一量”调节；在基本热源满负荷以后与尖峰热源联网运行阶段，所有热源应采用量调节或“质一量”调节。

(4)当热水供热系统有供暖、通风空调、生活热水等多种热负荷时，应在热源处进行集中调节，并保证运行水温能满足不同热负荷的需要，同时应根据各种热负荷的用热要求在用户处进行辅助的局部调节。

(5)对于有生活热水热负荷的热水供热系统，当按供暖热负荷进行集中调节时，除另有规定生活热水温度可低于 60 ℃外，应符合下列规定：

①闭式供热系统的供水温度不得低于 70 ℃；

②开式供热系统的供水温度不得低于 60 ℃。

(6)对于有生产工艺热负荷的供热系统，应采用局部调节。

(7)多热源联网运行的热水供热系统，各热源应采用统一的集中调节方式，并应执行统一的温度调节曲线。调节方式的确定应以基本热源为准。

(8)对于非供暖期有生活热水负荷、空调制冷负荷的热水供热系统，在非供暖期应恒定供水温度运行，并应在热力站进行局部调节。

3. 集中热水供热系统供热调节的基本公式

进行供暖热负荷供热调节的目的就是维持供暖房间的室内计算温度 t_n 稳定。当热水网路在稳定状态下运行时，如不考虑管网的沿途热损失，供暖热用户的热负荷 Q_1 应等于供暖用户系统散热设备的散热量 Q_2，同时也应等于供热网路的供热量 Q_3，即 $Q_1=Q_2=Q_3$。

(1)在供暖室外计算温度 t_{wn} 下，建筑物供暖设计热负荷 Q_1' 可用下式估算：

$$Q_1'=q'V(t_n-t_{wn}) \tag{5.1}$$

式中 q'——建筑物的供暖体积热指标，W/m³·℃；

V——建筑物的外围体积，m³；

t_n——供暖室内计算温度，℃。

(2)在供暖室外计算温度 t_{wn} 下，散热器向建筑物供应的热量为

$$Q_2'=K'F(t_{pj}-t_n) \tag{5.2}$$

式中 K'——散热器在设计工况下的传热系数，W/m²·℃；

t_{pj}——散热器内的热媒平均温度，℃。

散热器的传热系数为

$$K'=a(t_{pj}-t_n)^b \tag{5.3}$$

对于整个供暖系统，可近似认为

$$t_{pj}=\frac{t_g'+t_h'}{2}$$

式中 t_g'——供暖热用户的供水温度，℃；

t_h'——供暖热用户的回水温度，℃。

因此式(5.2)可以写成

$$Q_2'=aF\left(\frac{t_g'+t_h'}{2}-t_n\right)^{1+b} \tag{5.4}$$

a、b 是与散热器有关的指数，由散热器的型式决定。

(3)在供暖室外计算温度 t_{wn} 下，室外热水网路向供暖热用户输送的热量为

$$Q_3'=\frac{G'c(t_g'-t_h')}{3\ 600}=1.163G'(t_g'-t_h') \tag{5.5}$$

式中　G'——供暖热用户的循环水量，kg/h；

c——热水的比热容，$c=4.187$ kJ/kg・℃。

上述公式中的参数均表示在供暖室外计算温度 t_{wn} 下的参数，因各城市的供暖室外计算温度是定值，所以上述各参数也是不变量，均用带"′"的符号表示。

在实际某一室外温度 t_w（$t_w>t_{wn}$）的条件下，保证室内计算温度仍为 t_n 时，可列出与上述公式相对应的方程式

$$Q_1=qV(t_n-t_w) \tag{5.6}$$

$$Q_2=aF\left(\frac{t_g+t_h}{2}-t_n\right)^{1+b} \tag{5.7}$$

$$Q_3=1.163G(t_g-t_h) \tag{5.8}$$

$$Q_1=Q_2=Q_3 \tag{5.9}$$

将实际室外温度 t_w 条件下热负荷与供暖室外计算温度 t_{wn} 条件下热负荷的比值称为相对供暖热负荷 $\overline{Q}$，即

$$\overline{Q}=\frac{Q_1}{Q_1'}=\frac{Q_2}{Q_2'}=\frac{Q_3}{Q_3'} \tag{5.10}$$

将实际室外温度 t_w 条件下系统流量与供暖室外计算温度 t_{wn} 条件下系统流量的比值称为相对流量比 $\overline{G}$，即

$$\overline{G}=\frac{G}{G'} \tag{5.11}$$

再来分析式(5.1)，$Q_1'=q'V(t_n-t_{wn})$，由于室外风速、风向的变化，特别是太阳辐射热变化的影响，式中的 Q_1' 并不能完全取决于室内外温差，也就是说建筑物的体积热指标 q' 不应是定值，但为了简化计算可忽略 q' 的变化，认为供暖热负荷与室内外差成正比，即

$$\overline{Q}=\frac{Q_1}{Q_1'}=\frac{t_n-t_w}{t_n-t_{wn}} \tag{5.12}$$

综合上述公式可得

$$\overline{Q}=\frac{t_n-t_w}{t_n-t_{wn}}=\frac{(t_g+t_h-2t_n)^{1+b}}{(t_g'+t_h'-2t_n)^{1+b}}=\overline{G}\,\frac{t_g-t_h}{t_g'-t_h'} \tag{5.13}$$

该式是进行供暖热负荷供热调节的基本公式，式中的分母项，有的是供暖室外计算温度 t_{wn} 条件下的参数，有的是设计工况参数，均为已知参数；分子项是在某一室外温度下，保持室内温度 t_n 不变时的运行参数。式(5.13)中有 4 个未知数，即 t_g、t_h、$\overline{Q}$ 和 $\overline{G}$，但只能列 3 个联立方程，因此必须再有一个补充条件，才能解出这 4 个未知数，这个补充条件，就靠选定的调节方法给出，下面将具体介绍每一种调节方法。

5.2　直接连接热水供暖系统的集中供热调节

1. 无混水装置直接连接热水供暖系统的质调节

热水供热系统的质调节是在网路循环流量不变的条件下，随着室外空气温度的变化，改变室外供热管网供、回水温度的调节方式。

若供暖热用户与外网采用无混水装置的直接连接，设室外管网供水温度为 τ_g'，回水温度为 τ_h'，则外网供水温度 τ_g' 等于进入用户系统的供水温度 t_g'，即 $\tau_g'=t_g'$，外网回水温度与供暖系统的回水温度相等，即 $\tau_h'=t_h'$。

将质调节的条件——循环流量不变，即 $\overline{G}=1$，代入供暖热负荷供热调节的基本式(5.13)中，联立方程组，可求出某一室外温度 t_w 下室外供热管网供、回水温度。

$$\overline{Q}=\frac{t_n-t_w}{t_n-t_{wn}}=\frac{(t_g+t_h-2t_n)^{1+b}}{(t_g'+t_h'-2t_n)^{1+b}}=\frac{t_g-t_h}{t_g'-t_h'}$$

室外供热管网供、回水温度的计算公式为

$$\tau_g=t_g=t_n+0.5(t_g'+t_h'-2t_n)\overline{Q}^{1/1+b}+0.5(t_g'-t_h')\overline{Q} \tag{5.14}$$

$$\tau_h=t_h=t_n+0.5(t_g'+t_h'-2t_n)\overline{Q}^{1/1+b}-0.5(t_g'-t_h')\overline{Q} \tag{5.15}$$

式中　τ_g、τ_h——某一室外温度 t_w 条件下，室外供热管网的供、回水温度，℃；

t_g、t_h——某一室外温度 t_w 条件下，供暖用户的供、回水温度，℃；

t_g'、t_h'——供暖室外计算温度 t_{wn} 条件下，供暖用户的设计供、回水温度，℃；

t_n——供暖室内计算温度，℃；

$\overline{Q}$——相对热负荷比。

2. 带混合装置直接连接热水供暖系统的质调节

若供暖热用户与外网采用带混合装置的直接连接(如设水喷射器或混合水泵)，如图 5.1 所示，外网供水温度 τ_g' 大于进入用户系统的供水温度 t_g'，即 $\tau_g'>t_g'$，外网的回水温度 τ_h' 等于用户的回水温度 t_h'，即 $\tau_h'=t_h'$。利用式(5.14)、式(5.15)可求出供暖热用户的实际供水温度 t_g 和实际回水温度 t_h。室外网路的供水温度 τ_g 可根据混合比 μ 求出。

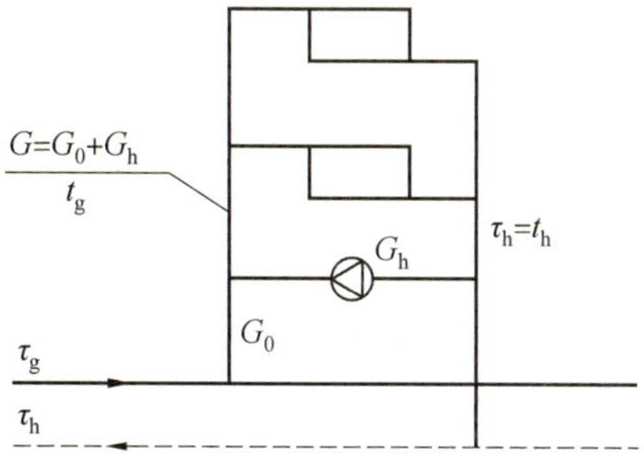

图 5.1　带混合装置的直接连接

如图 5.1 所示，混合比为

$$\mu=\frac{G_h}{G_o} \tag{5.16}$$

式中　G_o——某一室外温度 t_w 下，外网进入供暖热用户的流量，kg/h；

G_h——某一室外温度 t_w 下，从供暖热用户抽引的回水量，kg/h。

又根据图 5.1，在供暖室外计算温度 t_{wn} 下，列热平衡方程式

$$cG'_o\tau'_g+cG'_ht'_h=c(G'_o+G'_h)t'_g \tag{5.17}$$

式中　c——热水的比热容，$c=4.187$ kJ/kg·℃；

τ'_g——供暖室外计算温度 t_{wn} 下，网路的设计供水温度，℃。

则供暖室外计算温度 t_{wn} 下的混合比为

$$\mu'=\frac{\tau'_g-t'_g}{t'_g-t'_h} \tag{5.18}$$

只要供暖热用户的特性阻力 S 值不变，网路的流量分配比例就不会改变，任意室外温度下的混合比都是相同的，即

$$\mu=\mu'=\frac{\tau_g-t_g}{t_g-t_h}=\frac{\tau'_g-t'_g}{t'_g-t'_h} \tag{5.19}$$

可求出外网供水温度

$$\tau_g=t_g+\mu(t_g-t_h) \tag{5.20}$$

又由于

$$\overline{Q}=\frac{t_g-t_h}{t'_g-t'_h}$$

因此外网供水温度又可写成

$$\tau_g=t_g+\mu\overline{Q}(t'_g-t'_h) \tag{5.21}$$

式(5.21)就是在热源处进行质调节时，网路供水温度 τ_g 随某一室外温度 t_w(即 $\overline{Q}$)变化的关系式。

将式(5.14)中的 t_g、式(5.15)中的 t_h、式(5.19)中的 μ 代入式(5.21)中，又可写出带混合装置直接连接的热水供暖系统在某一室外温度 t_w 下室外网路的供回水温度，即

$$\begin{aligned}\tau_g&=t_n+0.5(t'_g+t'_h-2t_n)\overline{Q}^{1/1+b}+0.5(t'_g-t'_h)\overline{Q}+\left(\frac{\tau'_g-t'_g}{t'_g-t'_h}\right)(t'_g-t'_h)\overline{Q}\\&=t_n+0.5(t'_g+t'_h-2t_n)\overline{Q}^{1/1+b}+\overline{Q}[(\tau'_g-t'_g)+0.5(t'_g-t'_h)]\end{aligned} \tag{5.22}$$

$$\tau_h=t_h=t_n+0.5(t'_g+t'_h-2t_n)\overline{Q}^{1/1+b}-0.5(t'_g-t'_h)\overline{Q} \tag{5.23}$$

根据式(5.14)、式(5.15)、式(5.22)、式(5.23)可绘制热水供热系统质调节的水温曲线或图表，供运行调节时使用，图 5.2 所示按供暖热负荷进行供热质调节的水温调节曲线图。

集中质调节只需在热源处改变网路的供水温度，运行管理较简便，是目前采用非常广泛的供热调节方式。但如果热水供热系统有多种热负荷，如果按质调节进行供热，在室外温度较高时，网路和供暖系统的供、回水温度会较低，这往往难以满足其他热负荷用户的要求，需采用其他调节方式。

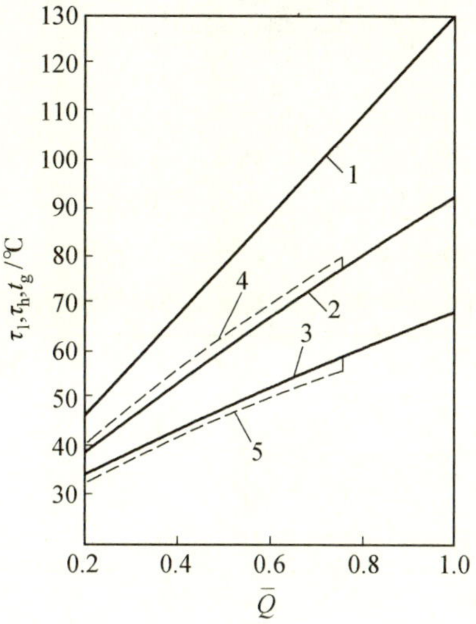

图 5.2　按供暖热负荷进行供热质调节的水温调节曲线图

3. 计算示例 1

哈尔滨市某集中供热系统中，热源供、回水温度为 130 ℃/70 ℃。供暖热用户与室外管网采用设混水器的直接连接，小区总供热面积为 25 万平方米，全住宅用户，要求的冬季室内计算温度为 $t_n=18$ ℃，用户要求的设计供、回水温度为 95 ℃/70 ℃，供暖设计热负荷为 16 250 kW。

若供暖热用户与室外管网均采用质调节方式，当室外温度 $t_w=-15$ ℃时，试计算供暖热用户质调节的供、回水温度 t_g、t_h 以及室外管网的供水温度 τ_g，绘制室外温度－热用户供、回水温度关系曲线。

解　哈尔滨市供暖室外计算温度 $t_{wn}=-26$ ℃，在供暖室外计算温度 t_{wn} 下，混合比为

$$\mu'=\frac{\tau_g'-t_g'}{t_g'-t_h'}=\frac{130-95}{95-70}=1.4=\frac{G_h'}{G_o'}$$

当室外温度 $t_w=-15$ ℃时，供暖热用户的相对热负荷比 $\overline{Q}_y$ 为

$$\overline{Q}_y=\frac{t_n-t_w}{t_n-t_{wn}}=\frac{18+15}{18+26}=0.75$$

当室外温度 $t_w=-15$ ℃时，计算供暖用户质调节的供、回水温度 t_g、t_h，其中 b 是与散热器有关的指数，由散热器的型式决定，供暖热用户选用铸铁 M－132 散热器，$b=0.286$。

$$\begin{aligned}t_g&=t_n+0.5(t_g'+t_h'-2t_n)\overline{Q}^{1/1+b}+0.5(t_g'-t_h')\overline{Q}\\&=18+0.5\times(95+70-2\times18)\times0.75^{1/1+0.286}+0.5\times(95-70)\times0.75\\&=78.95\ (℃)\end{aligned}$$

$$\begin{aligned}t_h&=t_n+0.5(t_g'+t_h'-2t_n)\overline{Q}^{1/1+b}-0.5(t_g'-t_h')\overline{Q}\\&=18+0.5\times(95+70-2\times18)\times0.75^{1/1+0.286}-0.5\times(95-70)\times0.75\\&=60.2\ (℃)\end{aligned}$$

室外网路的供水温度 τ_g，可根据混合比 μ 求出，只要供暖热用户的特性阻力 S 值不变，网路的流量分配比例就不会改变，任意室外温度下的混合比都是相同的，即

$$\mu=\mu'=\frac{\tau_g-t_g}{t_g-t_h}=\frac{\tau_g'-t_g'}{t_g'-t_h'}$$

因此外网供水温度

$$\tau_g=t_g+\mu(t_g-t_h)=78.95+1.4\times(78.95-60.2)=105.2\ (℃)$$

不同室外温度下，供暖热用户供、回水温度及外网供水温度表如表 5.1 所示，室外温度—用户供、回水温度—外网供水温度关系曲线如图 5.3 所示。

表 5.1　供暖热用户供、回水温度及外网供水温度表

室外温度 t_w/℃	−26	−20	−15	−10	−5	0	+5
用户供水温度 t_g/℃	95	86.45	78.95	72.42	64.31	56.49	47.8
用户回水温度 t_h/℃	70	64.23	60.2	54.76	49.27	43.99	38.12
外网供水温度 τ_g/℃	130	117.56	105.2	97.14	85.37	73.99	61.35

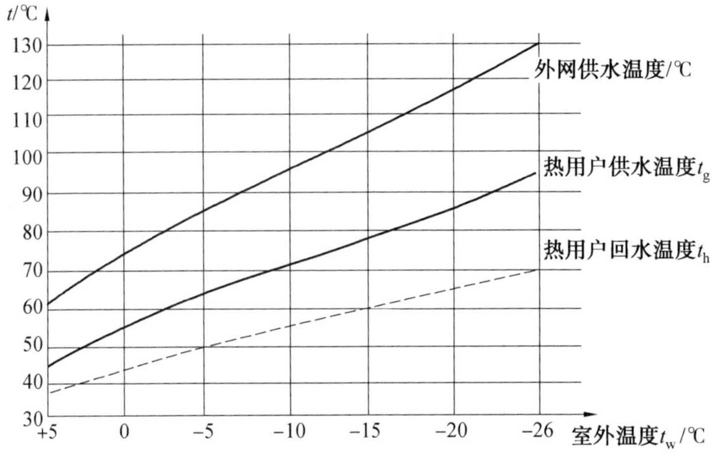

图 5.3　室外温度—热用户供、回水温度—外网供水温度关系曲线图

4. 带混合装置的直接连接时热水供暖系统的量调节

如果供暖用户与外网采用设混合水泵直接连接方式，供暖热用户进行供热调节的主要方法是循环流量不变的质调节方法，以保证供暖用户系统水力工况的稳定。

若室外热水网路进行供热调节时采用量调节方式，即外网供水温度 τ_g'和外网的回水温度 τ_h'不随室外温度变化，调节电动三通阀的开度，改变进入热用户流量的调节方式，则外网供水温度 τ_g'大于进入用户系统的供水温度 t_g'，即 $\tau_g'>t_g'$，外网的回水温度 τ_h'等于热用户的回水温度 t_h'，即 $\tau_h'=t_h'$。室外网路要求的流量，可根据混合比 μ 求出。

因供暖热用户进行质调节，供暖热用户的流量 G 不随室外温度的变化而变化，如图 5.1 所示。

$$G=G_o'+G_h{}'=G_o+G_h$$

则

$$G_o=G-G_h=G-\mu G_o$$

外网进行量调节，调节前后混合比不相等，调节前混合比为

$$\mu'=\frac{G_h'}{G_0'}=\frac{\tau_g'-t_g'}{t_g'-t_h'}$$

调节后混合比为

$$\mu=\frac{G_h}{G_0}=\frac{\tau_g'-t_g}{t_g-t_h}$$

因此外网进入供暖热用户的流量为

$$G_o=\frac{G}{1+\mu}$$

5. 计算示例 2

若计算示例 1 中的供暖热用户采用质调节方式，室外管网采用量调节方式，当室外温度 $t_w=-15$ ℃时，试计算室外网路进入供暖热用户的流量 G_o 和从供暖热用户抽引的回水量 G_h，绘制室外网路进入供暖热用户的流量 G_o 和从供暖热用户抽引的回水量 G_h 随室外温度的变化曲线。

解 哈尔滨市供暖室外计算温度 $t_{wn}=-26$ ℃，根据供暖设计热负荷，可计算供暖室外计算温度 t_{wn} 条件下，供暖热用户要求的流量，即

$$G=\frac{0.86Q}{(t_g-t_h)}=\frac{0.86\times 16\ 250}{(95-70)}=559t/h$$

在供暖室外计算温度 t_{wn} 下，混合比为

$$\mu'=\frac{\tau_g'-t_g'}{t_g'-t_h'}=\frac{130-95}{95-70}=1.4=\frac{G_h'}{G_o'}$$

供暖热用户的流量 G 等于外网进入供暖热用户的流量 G_o' 与从供暖热用户抽引的回水量 G_h' 之和。

$$G=G_o'+G_h'$$

当室外温度 $t_w=-15$ ℃时，供暖热用户质调节的供、回水温度 t_g、t_h（见计算示例 1）为

$$t_g=78.95\ ℃,\quad t_h=60.2\ ℃$$

当室外温度 $t_w=-15$ ℃时，室外网路要求的流量 G_o，可根据混合比 μ 求出，即

$$\mu=\frac{\tau_g'-t_g}{t_g-t_h}=\frac{130-78.95}{78.95-60.2}=2.72$$

则

$$\mu=\frac{G_h}{G_o}=2.72$$

因供暖热用户进行质调节，供暖热用户的流量 G 不随室外温度的变化而变化，即

$$G=G_o'+G_h'=G_o+G_h$$

则

$$G_o=G-G_h=G-\mu G_o$$

因此室外网路进入供暖热用户的流量 G_o 为

$$G_o=\frac{G}{1+\mu}=\frac{559}{1+2.72}=150.27\ t/h$$

从供暖热用户抽引的回水量为

$$G_h=555-150.27=408.73\ t/h$$

不同室外温度下，外网进入供暖热用户的流量 G_o 及从供暖热用户抽引的回水量 G_h 表如表 5.2 所示，室外温度－管网流量关系曲线如图 5.4 所示。

表 5.2 外网进入供暖热用户的流量 G_o 及从供暖热用户抽引的回水量 G_h 表

室外温度 t_w/℃	−26	−20	−15	−10	−5	0	+5
外网进入用户流量 $G_o/(t\cdot h^{-1})$	232.92	188.85	150.27	131.22	104.1	81.25	58.9
从用户抽引回水量 $G_h/(t\cdot h^{-1})$	326.08	370.15	408.73	427.78	454.9	477.75	500.1

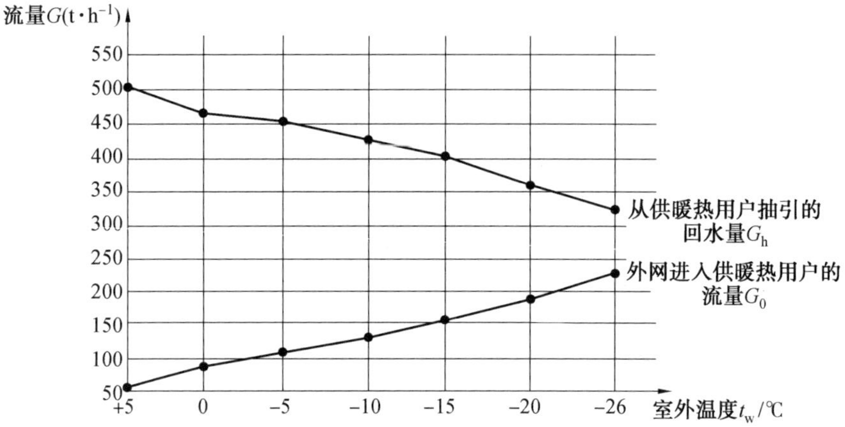

图 5.4 室外温度—管网流量关系曲线图

6. 直接连接热水供暖系统分阶段改变流量的质调节

分阶段改变流量的质调节是指在整个供暖期中按室外气温的高低分成几个阶段，在室外气温较低的阶段中，保持较大的流量；在室外气温较高阶段中，保持较小流量。在每一个阶段内，维持网路循环水量不变，按改变网路供水温度的质调节进行供热调节。

分阶段改变流量的质调节在每一个阶段中，由于网路循环水量不变，可以设 $\overline{G}=\phi=$ 常数，将这个条件代入供热调节基本式(5.13)中，联立方程组，可求出无混合装置的供暖系统室外网路的供、回水温度。

$$\overline{Q}=\frac{t_n-t_w}{t_n-t_{wn}}=\frac{(t_g+t_h-2t_n)^{1+b}}{(t_g'+t_h'-2t_n)^{1+b}}=\phi\frac{t_g-t_h}{t_g'-t_h'}$$

室外供热管网供、回水温度的计算公式为

$$\tau_g=t_g=t_n+0.5(t_g'+t_h'-2t_n)\overline{Q}^{1/1+b}+0.5\frac{(t_g'-t_h')\overline{Q}}{\phi} \tag{5.24}$$

$$\tau_h=t_h=t_n+0.5(t_g'+t_h'-2t_n)\overline{Q}^{1/1+b}-0.5\frac{(t_g'-t_h')\overline{Q}}{\phi} \tag{5.25}$$

带混合装置的供暖系统室外网路的供回水温度为

$$\tau_g=t_n+0.5(t_g'+t_h'-2t_n)\overline{Q}^{1/1+b}-[(\tau_g'-t_g')+0.5(t_g'-t_h')]\frac{\overline{Q}}{\phi} \tag{5.26}$$

$$\tau_h=t_h=t_n+0.5(t_g'+t_h'-2t_n)\overline{Q}^{1/1+b}-0.5(t_g'-t_h')\frac{\overline{Q}}{\phi} \tag{5.27}$$

对于中小型或供暖期较短的热水供热系统，一般分为两个阶段选用两台不同型号的循环水泵，其中一台循环水泵的流量按设计值的 100%选择，另一台按设计值的 70%～80%选择。对于大型热水供热系统，可选用三台不同规格的水泵，循环水泵流量可按设计值的 100%、80%和 60%选择。

对于直接连接的供暖热用户系统，调节时应注意不要使进入系统的流量小于设计流量的 60％，即 $\phi=\overline{G}\geqslant 60\%$。如果流量过少，对双管供暖系统，由于各层自然循环作用压力的比例差增大会引起用户系统的垂直失调；对单管供暖系统，由于各层散热器传热系数 K 变化程度不一致，也同样会引起垂直失调。

分阶段改变流量的质调节方式的水温调节曲线如图 5.2 所示。采用分阶段改变流量的质调节，由于流量减少，网路的供水温度升高，回水温度降低，供、回水的温差会增大。分阶段改变流量的质调节方式在区域锅炉房热水供热系统中得到了较多的应用。

7. 集中供热系统的间歇调节

在供暖季节里，当室外温度升高时，不改变网路的循环水量和供水温度，只减少每天供热小时数的调节方式称为间歇调节。

网路每天工作的总小时数 n 随室外温度的升高而减少，可按下式计算

$$n=24\frac{t_{\mathrm{n}}-t_{\mathrm{w}}}{t_{\mathrm{n}}-t''_{\mathrm{w}}} \tag{5.28}$$

式中 n——间歇运行时每天工作的小时数，h/d；

t_{w}——间歇运行时的某一室外温度，℃；

t''_{w}——开始间歇调节时的室外温度，℃，也就是网路保持最低供水温度时的室外温度。

间歇调节可以在室外温度较高的供暖初期和末期作为一种辅助的调节措施。

5.3 间接连接热水供暖系统的集中供热调节

1. 间接连接热水供暖系统室外热水网路的质调节

室外热水网路和供暖热用户采用间接连接时，随室外温度 t_{w} 的变化，需同时对热水网路和供暖热用户进行供热调节，通常供暖热用户按质调节的方式进行供热调节，以保证供暖热用户水力工况的稳定。供暖热用户质调节时的供、回水温度 t_{g}、t_{h}，可按式(5.14)、式(5.15)确定。

如图 5.5 所示，室外热水网路进行供热调节时，热水网路的供、回水温度 τ_{g} 和 τ_{h} 取决于一级网路采用的调节方式和水－水换热器的热力特性，通常可采用集中质调节或质量－流量的调节方法。

当热水网路进行质调节时，引入补充条件 $\overline{G}_{\mathrm{w}}=1$。根据网路供给热量的热平衡方程式，有

$$\overline{Q}_{\mathrm{w}}=\overline{G}_{\mathrm{w}}\frac{\tau_{\mathrm{g}}-\tau_{\mathrm{h}}}{\tau'_{\mathrm{g}}-\tau'_{\mathrm{h}}}=\frac{\tau_{\mathrm{g}}-\tau_{\mathrm{h}}}{\tau'_{\mathrm{g}}-\tau'_{\mathrm{h}}} \tag{5.29}$$

根据用户系统入口水－水换热器放热的热平衡方程式，有

$$\overline{Q}_{\mathrm{y}}=\overline{K}\frac{\Delta t}{\Delta t'} \tag{5.30}$$

式中 $\overline{Q}_y$——在室外温度 t_w 时的相对供暖热负荷比；

τ'_g、τ'_h——在室外供暖计算温度 t_{wn} 条件下网路的供、回水温度，℃；

τ_g、τ_h——在某一室外温度 t_w 条件下网路的供、回水温度，℃；

$\overline{K}$——水一水换热器的相对传热系数比，也就是在某一室外温度 t_w 条件下，水一水换热器的传热系数 K 与供暖室外计算温度 t_{wn} 条件下的传热系数 K' 的比值；

$\Delta t'$——在供暖室外计算温度 t_{wn} 条件下，水一水换热器的对数平均温差，℃；

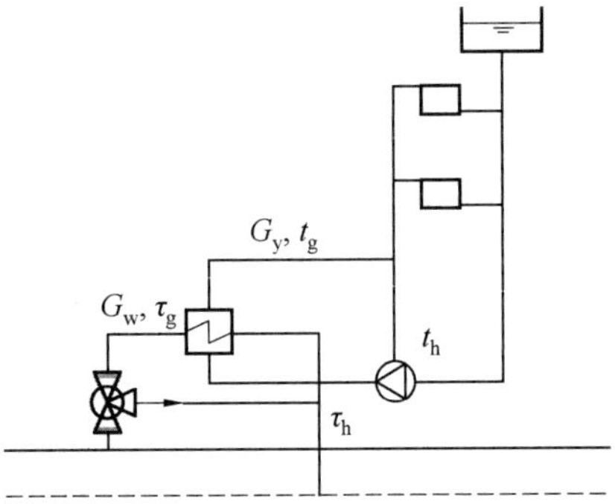

图 5.5　换热器间接连接

$$\Delta t'=\frac{(\tau'_g-t'_g)-(\tau'_h-t'_h)}{\ln\frac{(\tau'_g-t'_g)}{(\tau'_h-t'_h)}} \tag{5.31}$$

Δt——在室外温度 t_w 条件下，水一水换热器的对数平均温差，℃。

$$\Delta t=\frac{(\tau_g-t_g)-(\tau_h-t_h)}{\ln\frac{(\tau_g-t_g)}{(\tau_h-t_h)}} \tag{5.32}$$

水一水换热器的相对传热系数 $\overline{K}$ 值，取决于选用的水一水换热器的传热特性，可由实验数据整理得出，对壳管式水一水换热器，$\overline{K}$ 值可近似地由下列公式计算

$$\overline{K}=\overline{G}_w^{\,0.5}\overline{G}_y^{\,0.5} \tag{5.33}$$

式中 $\overline{G}_w$——水一水换热器中，加热介质的相对流量比，此处也就是热水网路的相对流量比；

$\overline{G}_y$——水一水换热器中，被加热介质的相对流量比，此处也就是供暖热用户的相对流量比。

当热水网路和供暖热用户均采用质调节，即 $\overline{G}_w=1$、$\overline{G}_y=1$ 时，可近似认为两工况下水一水换热器的传热系数相等，即

$$\overline{K}=1 \tag{5.34}$$

总结上述公式，可得出热水网路供热质调节的基本公式

$$\overline{Q}_w=\frac{\tau_g-\tau_h}{\tau'_g-\tau'_h}=\frac{t_g-t_h}{t'_g-t'_h} \tag{5.35}$$

$$\overline{Q}_y=\frac{(\tau_g-t_g)-(\tau_h-t_h)}{\Delta t'\ln\frac{(\tau_g-t_g)}{(\tau_h-t_h)}} \tag{5.36}$$

因供暖热用户和室外热水网路均按质调节的方式进行供热调节，则 $\overline{Q}_w=\overline{Q}_y$。上两个公式中的 $\overline{Q}_w$、$\Delta t'$、τ_g'、τ_h' 为供暖室外计算温度 t_{wn} 条件下的值，是已知值。t_g 和 t_h 是在某一室外温度 t_w 下的数值，可通过供暖系统质调节计算公式计算得出，未知数仅为 τ_g 和 τ_h，通过联立方程，可确定热水网路质调节时的网路供、回水温度 τ_g 和 τ_h 值。

2. 间接连接热水供暖系统室外热水网路的质量－流量调节

因为供暖热用户与室外热水网路间接连接，热用户和网路的水力工况互不影响，室外热水网路可考虑采用同时改变供水温度和流量的供热调节方法，即质量－流量调节。

质量－流量调节方法是指调节流量随供暖热负荷的变化而变化，使热水网路的相对流量比等于供暖的相对热负荷比，也就是人为增加了一个补充条件，进行供热调节，即

$$\overline{W}_w=\overline{Q}_y \tag{5.37}$$

同样，根据网路和水－水换热器的供热和放热的热平衡方程式，得出

$$\overline{Q}_y=\overline{G}_w\ \frac{\tau_g-\tau_h}{\tau_g'-\tau_h'}$$

$$\overline{Q}_y=\overline{K}\ \frac{\Delta t}{\Delta t'}$$

进一步可得

$$\tau_g-\tau_h=\tau_g'-\tau_h'=\text{常数} \tag{5.38}$$

又根据相对传热系数比

$$\overline{K}=\overline{G}_w^{0.5}\overline{G}_y^{0.5}=\overline{Q}_y^{0.5}\text{（因用户质调节：}\overline{G}_y=1\text{）} \tag{5.39}$$

$$\overline{Q}_y^{0.5}=\frac{(\tau_g-t_g)(\tau_h-t_h)}{\Delta t'\ln\dfrac{\tau_g-t_g}{\tau_h-t_h}} \tag{5.40}$$

式(5.38)和式(5.40)中，$\overline{Q}_y$、$\Delta t'$、τ_g'、τ_h' 为某一室外温度 t_w 下或供暖室外计算温度 t_{wn} 下的参数，为已知值，t_g、t_h 可由供暖系统质调节的计算公式确定。未知数为 τ_g、τ_h，通过联立方程求解，就可确定热水网路按 $\overline{Q}_y$ 规律进行质量－流量调节时的相应供、回水温度 τ_g 和 τ_h 值。

采用质量－流量调节方法，室外网路的流量随供暖热负荷的减少而减少，可大大节省网路循环水泵的电能消耗，但系统中需设置变速循环水泵和相应的自控设施（如控制网路供、回水温差为定值或控制变速水泵的转速等措施），才能达到令人满意的运行效果。

分阶段改变流量的质调节和间歇调节，也可用在间接连接的供暖系统上。

3. 计算示例 3

哈尔滨市某集中供热系统中，热源供、回水温度为 120 ℃/75 ℃。与某小区采用换热器间接连接供暖，小区总供热面积约 25 万平方米，全住宅用户，要求的冬季室内计算温度为 $t_n=18$ ℃，热用户要求的设计供、回水温度为 95 ℃/70 ℃，供暖设计热负荷为 16 250 kW，使用三台相同型号的板式换热器，并联使用。

若室外管网采用质量－流量调节方式，当室外温度 $t_w=-15$ ℃时，试计算室外管网流量 G_2 及室外管网的供水温度 τ_g、回水温度 τ_h，绘制室外温度－室外管网供回水温度－室外

管网流量关系曲线。

解 室外热水网路采用质量一流量调节方法，热水网路的相对流量比等于供暖的相对热负荷比，即 $\overline{G}_w=\overline{Q}_y$。

哈尔滨市供暖室外计算温度 $t_{wn}=-26$ ℃，根据供暖设计热负荷，可计算供暖室外计算温度 t_{wn} 条件下，供暖热用户要求的流量为

$$G=\frac{0.86Q}{(t_g-t_h)}=\frac{0.86\times 16\ 250}{95-70}=559\ \text{t/h}$$

当室外温度 $t_w=-15$ ℃时，供暖热用户的相对热负荷比 $\overline{Q}_y$ 为

$$\overline{Q}_y=\frac{t_n-t_w}{t_n-t_{wn}}=\frac{18+15}{18+26}=0.75$$

由计算示例 1 的计算结果，当室外温度 $t_w=-15$ ℃时，供暖热用户供热系统质调节的供、回水温度为

$$t_g=78.95\ ℃,t_h=60.2\ ℃$$

供暖室外计算温度 t_{wn} 条件下，室外管网供应小区换热器的流量为

$$G_2'=G_1'\frac{95-70}{120-75}=559\times\frac{95-70}{120-75}=310.56\ (\text{t/h})$$

室外热水网路采用质量一流量调节方式，热水网路的相对流量比为

$$\overline{G}_w=\overline{Q}_y=\frac{G_2}{G_2{}'}=\frac{G_2}{310.56}=0.75$$

则热水网路流量为

$$G_2=232.92\ (\text{t/h})$$

因此，当室外温度 $t_w=-15$ ℃时，供暖热用户供热系统的供、回水温度 $t_g=78.95$ ℃、$t_h=60.2$ ℃，室外管网供应小区换热器的流量改变为 $G_2=232.92$ t/h。

由式(5.38)和式(5.40)，联立方程

$$\tau_g-\tau_h=\tau_g'-\tau_h'=120-75=45\ (℃)$$

$$0.75^{0.5}=\frac{(\tau_g-78.95-\tau_h+0.62)\ln\dfrac{120-95}{75-40}}{\ln\dfrac{\tau_g-78.95}{\tau_h-60.2}(120-95-75+70)}$$

解得

$$\tau_g=107.77\ ℃,\tau_h=62.77\ ℃$$

不同室外温度下，室外管网流量 G_2 及室外管网的供水温度 τ_g、回水温度 τ_h 如表 5.3 所示，室外温度一管网流量关系曲线如图 5.6 所示，室外温度一室外管网供、回水温度关系曲线如图 5.7 所示。

表 5.3 室外管网流量 G_2 及室外管网的供水温度 τ_g、回水温度 τ_h 表

室外温度/℃	−26	−20	−15	−10	−5	0	+5
室外管网流量 $G_2/(\text{t}\cdot\text{h}^{-1})$	310.56	268.21	232.92	197.63	161.49	127.33	91.75
室外管网供水温度 τ_g/℃	120	112.95	107.77	101.63	93.87	89.56	83.32
室外管网回水温度 τ_h/℃	75	67.95	62.77	56.63	48.87	44.56	38.32

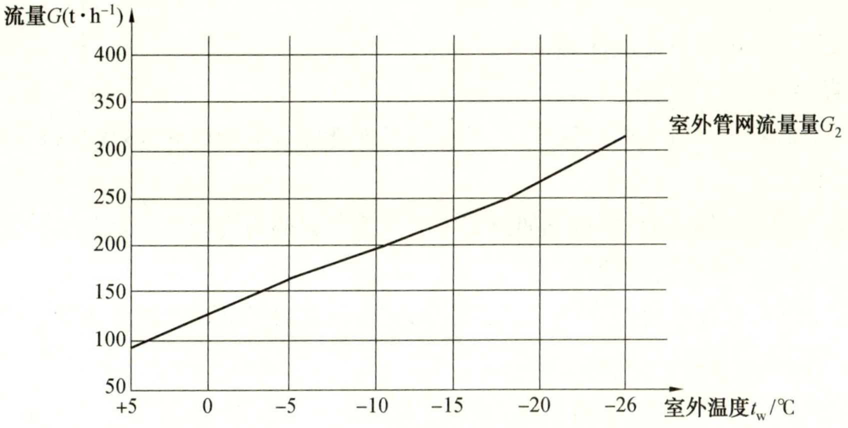

图5.6　室外温度—室外管网供、回水流量关系曲线

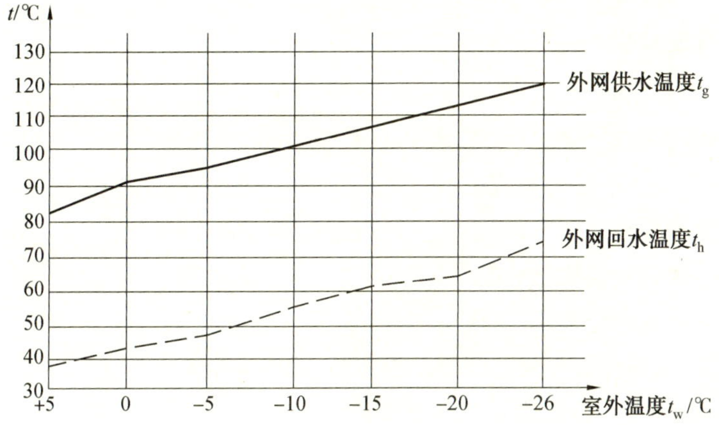

图5.7　室外温度—室外管网供、回水温度关系曲线

5.4　集中供热系统的运行与维护管理

1.供热管网的运行维护

(1)一般规定。

①蒸汽管线应每周运行检查两次，热水管线在采暖期应每周检查一次。节假日、雨季和新投入运行的管道，应加强巡逻、维护、检查，并将维护情况及时填报运行日志。

②管道维护检查不得少于两人，必须有一人在井口监护。

③运行人员在执行维护任务时，应按任务单操作，不得碰动管道上的其他设备和附件。

④运行检查主要有下列要求：供热管道设备及其附件不得有泄漏；供热管网设施不得有异常现象；小室不得有积水、杂物；外界施工不应妨碍供热管网正常运行及检修。

⑤较长时期停止运行的管道，必须采取防冻、防水浸泡等措施，对管道设备及其附件应进行除锈、防腐处理。对季节性运行的管道及蒸汽管线，在冬季停止运行后，应将管内积水放出，泄水阀门保持开启状态。热水管线停止运行后，应充水养护，充水量以保证最高点不

倒空为宜。

⑥必须进行夏季防汛及冬季防冻的检查。

(2)维护质量要求。

①套筒伸缩节法兰盘、螺栓、阀门丝杠、传动齿轮等裸露的可动管道附件，应保持一定的油量，便于拆装，伸缩自如，操作灵活。

②阀体表面、泄水管、钢支架、弹簧支架及爬梯等管道裸露的不可动部分，应无锈、无垢、整洁；涂有符合国家有关标准的防护漆。

③螺栓、阀门、牙包齿轮等处应保持一定的油量，便于拆装，伸缩自如，操作灵活。

④温度表、压力表应灵敏、无缺损。

⑤蒸汽管道喷射泵应保持通畅，无锈蚀、堵塞现象。

⑥带锁井盖应保持井盖开启自如，封闭严密。

⑦小室应保持清洁、无积水。

2. 供热管道检修及验收

(1)一般规定。

①担任运行管理、检修工作的各级管理人员、检修人员，应熟悉所检修项目的国家现行有关标准的规定，并在工作中贯彻执行。

②检修人员必须根据检修任务，提出切实可行的检修方案。

③检修中要严格执行检修质量标准。

④检修时应注意下列安全要求：

a. 在开始工作前，必须检查与供热管段是否切断，确保安全；

b. 在检查室内操作时，井口必须有专人看守并设置围栏，进入小室和上下架空管道时，应注意安全，防止发生坠落事故；

c. 使用检修工具时，应把牢，用力均匀，并有安全起吊措施，防止脱手伤人；

d. 使用起重设备安装与拆卸管道时，起重设备经检查合格后方能使用，起吊时应有安全措施，严禁将荷重加在管道上，也不得把千斤顶架设在其他管线上；

e. 高空检修时，应采取必要的保护措施，不得从高空向地面扔工具；

f. 在小室作业时，照明用电压必须在 24 V 以下，电源、供电线路及用电设备必须经检查合格后方能使用，且使用时必须有专人监管；

g. 蒸汽管网须有通风、降温措施。

⑤检修分类：中修——小于 DN150 以下设备与附件的更换和检修；大修——不小于 DNISO 设备与附件的更换和检修。

(2)检修前后的停运和启动。

①供热管网因检修而发生的停运和启动操作，必须按批准的方案进行。

②当停止运行需关闭几个阀门时，应成对操作。热水管线先关供水阀门，后关回水阀门。关闭热水管线阀门时，关断时间不应小于表 5.4 所示的规定。

表 5.4 热水管线阀门关断时间

阀门尺寸 DN/mm	关断时间/min
200～500	≥3
500 以上	≥5

③被检修的供热管线停止运行后，应观察正在运行的相连管道是否有串水、串汽的现象，运行管段末端是否有积水，以及管道上各种附件和支架的变化情况，如发现异常应及时报告。

④管道启动前应仔细检查有关维护、检修的质量，经检查符合启动要求后方能启动。

⑤停热检修完成后，热水管线应根据热源厂补水能力充水，严格控制阀门开度。管线充水应由热源厂向回水管内充水，回水管充满后，通过连通管向供水管充水，充水过程中应检查有无漏水现象。

⑥蒸汽管网检修完毕，在投入运行前，必须先进行暖管，暖管的恒温时间不应少于 1 h。

⑦蒸汽或热水管线投入运行后、应对阀门、套筒补偿器、法兰等连接螺栓进行热拧紧。

⑧供热管网压力接近运行压力时，应冷运行 2 h，无异常现象时再开启热力站进出口阀门。

⑨在充水过程中应随时观察排气情况，待空气排净后，将排气阀门关闭，并随时检查供热管网有无泄漏。

⑩热水供热管网升温，每小时不应超过 20 ℃。在升温过程中，应检查供热管网及补偿器、固定支架等附件的情况。

⑪蒸汽管网启动应根据季节、管道敷设方式及保温状况，用阀门开度大小严格控制暖管温升速度。管暖时应及时排除管内冷凝水，冷凝水排净后，应及时关闭防水阀及喷射泵。当管内充满蒸汽且未发生异常现象后，再逐渐开大阀门。

⑫热水管线在所有干、支线充满水后，由生产调度联系热源厂启动循环水泵，开始升压。每次升压不得超过 0.3 MPa，每升压一次应对供热管网检查一次，重点检查新检修、维护的管段及设备，经检查无异常后方可继续升压。

(3)法兰连接时阀门的更换。

①安装的阀门应有出厂合格证或检修单位试验合格证。新阀门安装前应进行解体检查，清扫并加足盘根，进行严密试验合格后方可能安装使用。

②阀门安装前应进行检验：零件应无缺损、裂、沙眼，通道应干净；阀门法兰孔与管道法兰孔应一致；阀门法兰面应无径向沟纹，水线应完好。

③阀门安装前应核对型号，并根据介质流向确定其安装方向。

④法兰或螺栓连接的阀门应在关闭状态下安装。

(4)焊接时阀门的更换。

①在切除旧的焊接阀门时，应确保阀体完整，阀门两端应留有 150～200 mm 的管段。

②焊接时应符合下列要求：

a. 焊接前，蝶阀应关闭，球阀应处于开启状态；

b. 焊接时电焊机接地线必须搭接在同一侧焊口的钢管上，防止电流穿过阀体灼伤密封面；

c. 焊接后阀门的边缘应与管道的边缘连成一圆周；

d. 焊接过程中应采取相应的措施减少焊接应力；

e. 阀门安装在立管时，应向已关闭的阀板上方注入不少于 10 mm 的水；

f. 焊接方式及焊条应根据阀体材料选择，或由厂家推荐（一般采用电焊，焊条采用 J506 或 J507）；

g. 完成焊接后，所有飞溅物应清理干净，并进行 2～3 次完全的开启以检查阀门是否正常运行。

思政案例

在碳达峰、碳中和目标指引下，以节能降碳、提升供热安全保障能力为核心目标，以供热信息化、自动化和智慧化为基础，供热行业进一步深度融合新一代数字技术和新质生产力，形成新型智慧供热系统。智慧供热在减少碳排放、推动能源结构绿色转型方面发挥了重要作用。目前智慧供热系统已在许多城市广泛应用，为供热调节提供了更高效的解决方案。智慧供热系统通过实时监控居民区的室内温度变化，结合室外气象条件，智能调整供水温度和流量。智慧供热系统通过热量表和温控阀门，实现了精准管理和高效调度，避免过热或供热不足的同时减少了能源浪费。通过这些技术措施，不仅提高了供暖效率，减少了能源浪费，还极大地提升了居民的舒适度。数据显示，智慧供热系统的引入使某小区的能源消耗同比减少了 5%以上，同时减少了 300 余次人工调节和测温，提高了操作效率。

智慧供热系统的诞生为供暖领域带来了革命性的变革，是行业专家学者不断地探索而实现的技术突破，同学们应培养这种探索精神，提升创新能力，同时还要强化科学思维，运用其对集中供热系统相应数据进行分析和实时监控，优化供热调节方案，不断推动供热调节技术发展进步。

附录 1　室外热水网路水力计算表

($K=0.5$ mm, $t=100$ ℃, $\rho=958.38$ kg/m^3, $\nu=0.295\times10^{-6}$ m^2/s)

水流量 G(t/h)；流速 v(m/s)；比模阻 R(Pa/m)

公称直径/mm	25		32		40		50		70		80		100		125		150		200		250		300	
外径×壁厚/(mm×mm)	32×2.5		38×2.5		45×2.5		57×3.5		76×3.5		89×3.5		108×4		133×4		159×4.5		219×6		273×8		325×8	
G	v	R	v	R	v	R	v	R	v	R	v	R	v	R	v	R	v	R	v	R	v	R	v	R
0.6	0.3	77	0.2	27.5	0.14	9																		
0.8	0.41	137.3	0.27	47.7	0.18	15.8	0.12	5.6																
1.0	0.51	214.8	0.34	73.1	0.23	24.4	0.15	8.6																
1.4	0.71	420.7	0.47	143.2	0.32	47.4	0.21	19.8	0.11	3														
1.8	0.91	695.3	0.61	236.3	0.42	84.2	0.27	26.1	0.14	5														
2.0	1.01	858.1	0.68	292.2	0.46	104	0.3	31.9	0.16	6.1														
2.2	1.11	1 038.5	0.75	353	0.51	125.5	0.33	36.2	0.17	7.4														
2.6			0.88	493.3	0.6	175.5	0.38	53.4	0.2	10.1														
3.0			1.02	657	0.69	234.4	0.44	71.2	0.23	13.2														
3.4			1.15	844.4	0.78	301.1	0.5	91.4	0.26	17														
4.0					0.92	415.8	0.59	126.5	0.31	22.8	0.22	9												
4.8					1.11	599.2	0.71	182.4	0.37	32.8	0.26	12.9												
5.6							0.83	252	0.43	44.5	0.31	17.5	0.21	6.4										
6.2							0.92	304	0.48	54.6	0.34	21.8	0.23	7.8	0.15	2.5								

续附录 1

公称直径/mm	25		32		40		50		70		80		100		125		150		200		250		300	
外径×壁厚/(mm×mm)	32×2.5		38×2.5		45×2.5		57×3.5		76×3.5		89×3.5		108×4		133×4		159×4.5		219×6		273×8		325×8	
G	v	R	v	R	v	R	v	R	v	R	v	R	v	R	v	R	v	R	v	R	v	R	v	R
7.0							1.03	387.4	0.54	69.6	0.38	27.9	0.26	9.9	0.17	3.1								
8.0							1.18	506	0.62	90.9	0.44	36.3	0.3	12.7	0.19	4.1								
9.0							1.33	640.4	0.7	114.7	0.49	46	0.33	16.1	0.21	5.1								
10.0							1.48	790.4	0.78	142.2	0.55	56.8	0.37	19.8	0.24	6.3								
11.0							1.63	957.1	0.85	171.6	0.6	68.6	0.41	23.9	0.26	7.6								
12.0									0.93	205	0.66	81.7	0.44	28.5	0.28	8.8	0.2	3.5						
14.0									1.09	278.5	0.77	110.8	0.52	38.8	0.33	11.9	0.23	4.7						
15.0									1.16	319.7	0.82	127.5	0.55	44.5	0.35	13.6	0.25	5.4						
16.0									1.24	363.8	0.88	145.1	0.59	50.7	0.38	15.5	0.26	6.1						
18.0									1.4	459.9	0.99	184.4	0.66	64.1	0.43	19.7	0.3	7.6						
20.0									1.55	568.8	1.1	227.5	0.74	79.2	0.47	24.3	0.33	9.3						
22.0									1.71	687.4	1.21	274.6	0.81	95.8	0.52	29.4	0.36	11.2						
24.0									1.86	818.9	1.32	326.6	0.89	113.8	0.57	35	0.39	13.3						
26.0									2.02	961.1	1.43	383.4	0.96	133.4	0.62	41.1	0.43	16.7						
28.0											1.54	455.2	1.03	154.9	0.66	47.6	0.46	18.1						
30.0											1.65	510.9	1.11	178.5	0.71	54.6	0.49	20.8						
32.0											1.76	581.5	1.18	203	0.76	62.2	0.53	23.7						

续附录 1

公称直径 /mm	25		32		40		50		70		80		100		125		150		200		250		300	
外径×壁厚 /(mm×mm)	32×2.5		38×2.5		45×2.5		57×3.5		76×3.5		89×3.5		108×4		133×4		159×4.5		219×6		273×8		325×8	
G	v	R	v	R	v	R	v	R	v	R	v	R	v	R	v	R	v	R	v	R	v	R	v	R
34.0											1.87	656.1	1.26	228.5	0.8	70.2	0.56	26.8						
36.0											1.98	735.5	1.33	256.9	0.85	78.6	0.59	30						
38.0											2.09	819.8	1.4	286.4	0.9	87.7	0.62	33.4						
40													1.48	316.8	0.95	97.2	0.66	37.1	0.35	6.8	0.22	2.3		
42													1.55	349.1	0.99	106.9	0.68	40.8	0.36	7.5	0.23	2.5		
44													1.63	383.4	1.04	117.7	0.72	44.8	0.38	8.1	0.25	2.7		
45													1.66	401.1	1.06	122.6	0.74	46.9	0.39	8.5	0.25	2.8		
48													1.77	456	1.13	140.2	0.79	53.3	0.41	9.7	0.27	3.2		
50													1.85	495.2	1.18	152.0	0.82	57.8	0.43	10.6	0.28	3.5		
54													1.99	577.6	1.28	177.5	0.89	67.5	0.47	12.4	0.3	4.0		
58													2.14	665.9	1.37	204	0.95	77.9	0.5	14.2	0.32	4.5		
62													2.29	761	1.47	233.4	1.02	88.9	0.53	16.3	0.35	5.0		
66													2.44	862	1.56	264.8	1.08	101	0.57	18.4	0.37	5.7		
70													2.59	969.9	1.65	297.1	1.15	113.8	0.6	20.7	0.39	6.4		
74															1.75	332.4	1.21	126.5	0.64	23.1	0.41	7.1		
78															1.84	369.7	1.28	141.2	0.67	25.7	0.44	8.2		
80															1.89	388.3	1.31	148.1	0.69	27.1	0.45	8.6		

续附录 1

公称直径 /mm	25		32		40		50		70		80		100		125		150		200		250		300	
外径×壁厚 /(mm×mm)	32×2.5		38×2.5		45×2.5		57×3.5		76×3.5		89×3.5		108×4		133×4		159×4.5		219×6		273×8		325×8	
G	v	R	v	R	v	R	v	R	v	R	v	R	v	R	v	R	v	R	v	R	v	R	v	R
90															2.13	491.3	1.48	187.3	0.78	34.2	0.5	11		
100															2.36	607	1.64	231.4	0.86	42.3	0.56	13.5	0.3	5.1
120															2.84	873.8	1.97	333.4	1.03	60.9	0.67	19.5	0.46	7.4
140																	2.3	454	1.21	82.9	0.78	26.5	0.54	10.1
160																	2.63	592.3	1.38	107.9	0.89	34.6	0.62	13.1
180																			1.55	137.3	1.01	43.8	0.7	16.6
200																			1.72	168.7	1.12	54.1	0.77	20.5
220																			1.9	205	1.23	65.4	0.85	24.7
240																			2.07	243.2	1.34	77.9	0.93	29.5
260																			2.24	285.4	1.4	91.4	1.01	34.7
280																			2.41	331.5	1.57	105.9	1.08	40.2
300																			2.59	380.5	1.68	121.6	1.16	46.2
340																			2.93	488.4	1.9	155.9	1.32	55.9
380																			3.28	611	2.13	195.2	1.47	74
420																			3.62	745.3	2.35	238.3	1.62	90.5
460																					2.57	286.4	1.78	108.9
500																					2.8	348.1	1.93	128.5

附录 2 室外热水网路局部阻力当量长度

（K=0.5 mm，用于蒸汽网路 K=0.2 mm，乘修正系数 β=1.26）

名称	局部阻力系数 ξ	公称直径/mm																		
		32	40	50	70	80	100	125	150	175	200	250	300	350	400	450	500	600	700	800
		当量直径/m																		
截止阀	4～9	6	7.8	8.4	9.6	10.2	13.5	18.5	24.6	39.5	—	—	—	—	—	—	—	—	—	—
闸阀	0.5～1	—	—	0.65	1	1.28	1.65	2.2	2.24	2.9	3.36	3.73	4.17	4.3	4.5	4.7	5.3	5.7	6	6.4
旋启式止回阀	1.5～3	0.98	1.26	1.7	2.8	3.6	4.95	7	9.52	13	16	22.2	29.2	33.9	46	56	66	89.5	112	133
升降式止回阀	7	5.25	6.8	9.16	14	17.9	23	30.8	39.2	50.6	58.8	—	—	—	—	—	—	—	—	—
套筒补偿器（单向）	0.2～0.5	—	—	—	—	—	0.66	0.88	1.68	2.17	2.52	3.33	4.17	5	10	11.7	13.1	16.5	19.4	22.8
套筒补偿器（双向）	0.6	—	—	—	—	—	1.98	2.64	3.36	4.34	5.04	6.66	8.34	10.1	12	14	15.8	19.9	23.3	27.4
波纹管补偿器（无内套）	1.7～1	—	—	—	—	—	5.57	7.5	8.4	10.1	10.9	13.3	13.9	15.1	16					
波纹管补偿器（有内套）	0.1	—	—	—	—	—	0.38	0.44	0.56	0.72	0.84	1.1	1.4	1.68	2					
方形补偿器（热压弯头 R=1.5～2D）	3	3.5	4	5.2	—	7.9	9.8	12.5	15.4	—	23.4	28	34	40	47	60	68	83	95	110
三缝焊弯 R=1.5D	2.7	—	—	—	—	—	—	—	17.6	22.1	24.8	33	40	47	55	67	76	94	110	128
锻压弯头 R=(1.5～2)D	2.3～3	3.5	4	5.2	6.8	7.9	9.8	12.5	15.4	19	23.4	28	34	40	47	60	68	83	95	110
焊弯 $R \geq 4D$	1.16	1.8	2	2.4	3.2	3.5	3.8	5.6	6.5	8.4	9.3	11.2	11.5	16	20	—	—	—	—	—
热压弯头（R=1.5～2D）	0.5	0.38	0.48	0.65		1.28	1.65	2.2	2.8		4.2	4.4	6.95	8.4	10	11.7	13.1	16.5	19.4	22.8
45°单缝焊接弯头	0.3	—	—	—	—	—	—	—	1.68	2.17	2.52	3.33	4.17	5	6	7	7.9	9.9	11.7	13.7
60°单缝焊接弯头	0.7	—	—	—	—	—	—	—	3.92	5.06	5.9	7.8	9.7	11.8	14	16.3	18.4	23.2	27.2	32

续附录 2

名称			局部阻力系数 ξ	公称直径/mm 32	40	50	70	80	100	125	150	175	200	250	300	350	400	450	500	600	700	800
				当量直径/m																		
锻压弯头($R=1.5\sim2D$)			0.5	0.38	0.48	0.65	1	1.28	1.65	2.2	2.8	3.62	4.2	5.55	6.95	8.4	10	11.7	13.1	16.5	19.4	22.8
焊弯($R=4d$)			0.3	0.22	0.29	0.4	0.6	0.76	0.98	1.32	1.68	2.17	2.52	3.3	4.17	5	6	—	—	—	—	—
除污器			10	—	—	—	—	—	—	—	56	72.4	84	111	139	168	200	233	262	331	388	456
分流三通	直通管		1.0	0.75	0.97	1.3	2	2.55	3.3	4.4	5.6	7.24	8.4	11.1	13.9	16.8	20	23.3	26.3	33.1	38.8	45.7
	分支管		1.5	1.13	1.45	1.96	3	3.82	4.95	6.6	8.4	10.9	12.6	16.7	20.8	25.2	30	35	39.4	49.6	58.2	68.6
合流三通	直通管	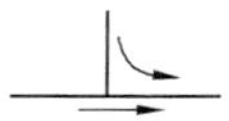	1.5	1.13	1.45	1.96	3	3.82	4.95	6.6	8.4	10.9	12.6	16.7	20.8	25.2	30	35	39.4	49.6	58.2	68.6
	分支管		2.0	1.5	1.94	2.62	4	5.1	6.6	8.8	11.2	14.5	16.8	22.2	27.8	33.6	40	46.6	52.5	66.2	77.6	91.5
三通汇流管			3.0	2.25	2.91	3.93	6	7.65	9.8	13.2	16.8	21.7	25.2	33.3	41.7	50.4	60	69.9	78.7	99.3	116	137
三通分流管		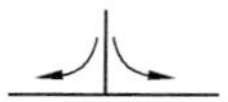	2.0	1.5	1.94	2.62	4	5.1	6.6	8.8	11.2	14.5	16.8	22.2	27.8	33.6	40	46.6	52.5	66.2	77.6	91.5
焊接异径接头(按小管径计算)		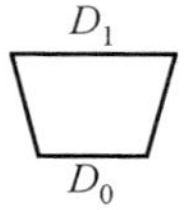	0.1	—	0.1	0.13	0.2	0.26	0.33	0.44	0.56	0.72	0.84	1.1	1.4	1.68	2	2.4	2.6	3.3	3.9	4.6
$F_1/F_0=2$			0.2～0.3	—	0.14	0.2	0.3	0.38	0.98	1.32	1.68	2.17	2.52	3.3	4.17	5	5.7	5.9	6	6.6	7.8	9.2
$F_1/F_0=3$ $F_1/F_0=4$(面积比)			0.3～0.49	—	0.19	0.26	0.4	0.51	1.6	2.2	2.8	3.62	4.2	5.55	6.85	7.4	7.8	8	8.9	9.9	11.6	13.7

附录3 热网管道局部损失与沿程损失的估算比值

管线类型	补偿类型	管道公称直径/mm	局部阻力与沿程阻力的比值	
			蒸汽管道	热水及凝结水管道
输送干线	轴向型补偿器	—	0.2	0.2
	组合使用型补偿器	—	0.6	0.5
	方形补偿器	—	0.9	0.7
	无补偿直埋敷设	—	—	0.1
输配管线	轴向型补偿器	≤400	0.4	0.3
		450～1 200	0.5	0.4
	组合使用型补偿器	≤600	0.6	0.5
		700～1 200	0.7	0.6
	方形补偿器	150～250	0.8	0.6
		300～350	1.0	0.8
		400～500	1.0	0.9
		600～1 200	1.2	1.0
	补偿直埋敷设		—	0.15

附录 4　焊缝表面检测报告

<table>
<tr><td colspan="4">报告编号：</td><td colspan="3">第　　页　　共　　页</td></tr>
<tr><td>工程名称</td><td colspan="3"></td><td>委托单位</td><td colspan="2"></td></tr>
<tr><td rowspan="2">工件</td><td>表面状态</td><td></td><td>检测区域</td><td></td><td>材料牌号</td><td></td></tr>
<tr><td>板厚规格</td><td></td><td>焊接方法</td><td></td><td>坡口形式</td><td></td></tr>
<tr><td rowspan="3">器材及参数</td><td>仪器型号</td><td></td><td>探头型号</td><td></td><td>检测方法</td><td></td></tr>
<tr><td>扫描调节</td><td></td><td>试块型号</td><td></td><td>扫描方式</td><td></td></tr>
<tr><td>评定灵敏度</td><td></td><td>表面补偿</td><td></td><td>检测面</td><td></td></tr>
<tr><td rowspan="2">技术要求</td><td>检测标准</td><td colspan="2"></td><td colspan="2">检测比例</td><td></td></tr>
<tr><td>合格级别</td><td colspan="2"></td><td colspan="2">检测工艺编号</td><td></td></tr>
<tr><td rowspan="2">检测结果</td><td>最终结果</td><td colspan="2"></td><td colspan="2">焊缝部位长度</td><td></td></tr>
<tr><td>扩检长度</td><td colspan="2"></td><td colspan="2">最终检测长度</td><td></td></tr>
<tr><td>检测位置
示意图</td><td colspan="6"></td></tr>
<tr><td colspan="3">缺陷及翻修情况说明</td><td colspan="4">检测结果</td></tr>
<tr><td colspan="3">本台产品返修部位共计　　处，最高返修次数　　次；
超标缺陷部位返修复检结果：
返修部位原缺陷见焊缝超声波探伤报告</td><td colspan="4">本台产品焊缝质量符合标准级的要求，结果：

检测部位详见超声波位置示意图，各检测部位情况详见焊缝超声波探伤报告</td></tr>
<tr><td rowspan="2">结论统计</td><td>实际焊缝</td><td>一次合格</td><td>返修</td><td>共检焊缝</td><td>次合格率</td><td>最终合格率</td></tr>
<tr><td></td><td></td><td></td><td></td><td></td><td></td></tr>
<tr><td colspan="2">报告人：

年　　月　　日</td><td colspan="2">审核人：

年　　月　　日</td><td colspan="2">质量专用章：

年　　月　　日</td><td>备注：</td></tr>
</table>

附录5 磁粉检测报告

磁粉检测报告					编号	
委托编号			报告编号		共 页 第 页	
基本情况	工程名称					
	施工单位					
	委托单位					
	检测委托人		联系电话			
	委托检测比例	%	焊接方法		构件材质	
	构件名称		构件规格		表面状态	
	所属设备		检测部位		管道系统编号	
检测条件	仪器型号		磁化方法		磁粉种类	
	灵敏度试片型号		磁悬液浓度	g/L	磁化方向	
	磁化电流	A	提升力	N	磁化时间	s
	磁轭间距	mm				
检测标准			合格级别	级		

检测部位及缺陷情况

检测部位编号	缺陷编号	缺陷类型	缺陷磁痕尺寸/mm	打磨/补焊后复检缺陷		最终评级	备注
				性质	磁痕尺寸/mm		

检测结论(检验部位及缺陷位置详见示意图):

检测人(签字): (证号:) 年 月 日	检测单位资格证号:
报告人(签字): (证号:) 年 月 日	
审核人(签字): (证号:) 年 月 日	检测单位名称: (盖章)

注:本表由检测单位填写,城建档案馆、建设单位、施工单位保存。

附录6 渗透检测报告

<table>
<tr><td colspan="6">渗透检测报告</td><td>编号</td><td></td></tr>
<tr><td colspan="2">委托编号</td><td></td><td>报告编号</td><td colspan="2"></td><td colspan="2">共　　页　第　　页</td></tr>
<tr><td rowspan="7">基本情况</td><td>工程名称</td><td colspan="6"></td></tr>
<tr><td>施工单位</td><td colspan="6"></td></tr>
<tr><td>委托单位</td><td colspan="6"></td></tr>
<tr><td>检测委托人</td><td></td><td>联系电话</td><td colspan="4"></td></tr>
<tr><td>委托检测比例</td><td>%</td><td>焊接方法</td><td></td><td>构件材质</td><td colspan="2"></td></tr>
<tr><td>构件名称</td><td></td><td>构件规格</td><td></td><td>表面状态</td><td colspan="2"></td></tr>
<tr><td>所属设备</td><td></td><td>检测部位</td><td></td><td>管道系统编号</td><td colspan="2"></td></tr>
<tr><td rowspan="4">检测条件</td><td>渗透剂种类</td><td></td><td>对比试块类型</td><td></td><td>检测方法</td><td colspan="2"></td></tr>
<tr><td>清洗剂</td><td></td><td>渗透剂</td><td></td><td>显像剂</td><td colspan="2"></td></tr>
<tr><td>清洗方法</td><td></td><td>渗透剂施加方式</td><td></td><td>显像剂施加方式</td><td colspan="2"></td></tr>
<tr><td>工件温度</td><td>℃</td><td>渗透时间</td><td>min</td><td>显像时间</td><td colspan="2">min</td></tr>
<tr><td colspan="2">检测标准</td><td></td><td>合格级别</td><td colspan="4">级</td></tr>
<tr><td colspan="8">检测部位及缺陷情况</td></tr>
<tr><td rowspan="2">检测部位编号</td><td rowspan="2">缺陷编号</td><td rowspan="2">缺陷类型</td><td rowspan="2">缺陷磁痕尺寸/mm</td><td colspan="2">打磨/补焊后复检缺陷</td><td rowspan="2">最终评级</td><td rowspan="2">备注</td></tr>
<tr><td>性质</td><td>磁痕尺寸/mm</td></tr>
<tr><td></td><td></td><td></td><td></td><td></td><td></td><td></td><td></td></tr>
<tr><td></td><td></td><td></td><td></td><td></td><td></td><td></td><td></td></tr>
<tr><td></td><td></td><td></td><td></td><td></td><td></td><td></td><td></td></tr>
<tr><td colspan="8">检测结论(检验部位及缺陷位置详见示意图):</td></tr>
<tr><td colspan="4">检测人(签字):
(证号:　　　　)　　　年　月　日</td><td colspan="4" rowspan="2">检测单位资格证号:</td></tr>
<tr><td colspan="4">报告人(签字):
(证号:　　　　)　　　年　月　日</td></tr>
<tr><td colspan="4">审核人(签字):
(证号:　　　　)　　　年　月　日</td><td colspan="4">检测单位名称:　　　　(盖章)</td></tr>
</table>

注:本表由检测单位填写,城建档案馆、建设单位、施工单位保存。

附录 7 射线检测报告

射线检测报告			编号	
委托编号		报告编号		共 页 第 页

基本情况	工程名称					
	施工单位					
	委托单位					
	检测委托人		联系电话		坡口形式	
	委托检测比例	%	焊接方法		构件材质	
	构件名称		构件规格		母材厚度	mm

检测条件	设备型号	透照方式	射线能量		管电流/mA	焦距/mm	曝光时间/min	要求像质指数
			源强度/Ci	电压/kV				
	胶片牌号		增感方式			照相质量等级		
	一次透照长度	mm	焦点尺寸	mm		像质计型号		
	冲洗形式		显影条件	℃ min		底片黑度		

检测标准	合格级别	代号说明	Rx		
			返修次数		

检测结果	实际检测总数		评定结果(张)					
	焊口/道	焊缝/m	Ⅰ级	Ⅱ级	Ⅲ级	Ⅳ级	总计	其中:返修片
	钢熔化焊对接接头底片评定详见《射线检测报告(底片评定记录表)》(共 页)							

检测结论及说明(可加附页):

拍片人(签字): (证号:) 年 月 日	检测单位资格证号:
评片(报告)人(签字): (证号:) 年 月 日	
审核人(签字): (证号:) 年 月 日	检测单位名称: (盖章)

注:本表由检测单位填写,城建档案馆、建设单位、施工单位保存。

附录 8 射线检测报告(底片评定记录)

射线检测报告(底片评定记录)	编号	

工程名称：

委托编号		报告编号		共　页　第　页

序号	底片编号		像质指数	缺陷性质						缺陷尺寸/mm	评定级别				返修次数 Rx	备注
	焊缝代号	底片号		气孔	夹渣	未焊透	内凹	未熔	裂纹		Ⅰ	Ⅱ	Ⅲ	Ⅳ		

评片人(签字)：

注：本表由检测单位填写，城建档案馆、建设单位、施工单位保存。

附录 9 超声波检测报告

超声波检测报告					编号	
委托编号			报告编号			共　页　第　页
基本情况	工程名称					
	施工单位					
	委托单位					
	检测委托人			联系电话		
	委托检测比例		焊接方法		构件材质	
	构件名称		构件规格		母材厚度	mm
	检测部位		坡口形式		表面状态	
检测条件	仪器型号		试块型号		检测方法	
	探头型号		评定灵敏度	dB	扫查方式	
	耦合剂		表面补偿	dB	检测面	
	扫描调节					
检测标准				合格级别		

检测结论(检验部位及缺陷位置详见示意图)：

检测人(签字)： (证号：　　　　)　　　　年　月　日	检测单位资格证号：
报告人(签字)： (证号：　　　　)　　　　年　月　日	
审核人(签字)： (证号：　　　　)　　　　年　月　日	检测单位名称：　　　　(盖章)

注：本表由检测单位填写，城建档案馆、建设单位、施工单位保存。

附录 10　超声波检测报告(缺陷记录)

超声波检测报告(缺陷记录)								编号			
工程名称：											
委托编号				报告编号				共　　页　第　　页			
序号	焊缝代号	区段编号	缺陷编号	缺陷状况				评定级别			备注
				长度	高度	埋藏深度	缺陷波反射区域	Ⅰ	Ⅱ	Ⅲ	
检测人(签字)：								日期：　　年　　月　　日			

注：本表由检测单位填写，城建档案馆、建设单位、施工单位保存。

附录 11 焊缝综合质量记录表

焊缝综合质量记录表							编号	
施工单位								
工程名称								
工程部位或起止桩号					要求焊缝等级			
序号	焊缝编号	焊工代号	焊接日期	外观质量	内部质量等级		缝质量综合评价	备注
					射线	超声		

综合说明：

负责人	施工员	质检员	填表日期
			年 月 日

注：本表由施工单位填写，城建档案馆、建设单位、施工单位保存。

附录 12 焊缝排位记录及示意图

焊缝排位记录及示意图		编号	
工程名称			
施工单位			
施工桩号		绘图日期	年 月 日

示意图：应表示出桩号（部位）、焊缝相对位置及焊缝编号

焊缝编号	桩号（部位）	焊工代号	备注	焊缝编号	桩号（部位）	焊工代号	备注

负责人		施工员		绘图人	

注：本表由施工单位填写，城建档案馆、建设单位、施工单位保存。

附录 13 固定支架安装检查记录

工程名称		设计图号	
施工单位		监理单位	

固定支架位置：

固定支架结构检查情况（钢材型号、材质、外形尺寸、焊接质量等）：

固定支架混凝土浇筑前检查情况（支架安装相对位置，上、下生根情况，垂直度等）：

固定支架混凝土浇筑后检查情况（支架相对位置、垂直度、防腐情况等）：

参加单位及人员签字	建设单位	监理单位	设计单位	施工单位

日期： 年 月 日

附录 14　供热管道水压试验记录

<table>
<tr><td colspan="3">供热管道水压试验记录</td><td>编号</td><td></td></tr>
<tr><td>工程名称</td><td colspan="4"></td></tr>
<tr><td>施工单位</td><td colspan="4"></td></tr>
<tr><td>试压范围(起止桩号)</td><td colspan="2"></td><td>公称直径/mm</td><td></td></tr>
<tr><td>试压总长度/m</td><td colspan="4"></td></tr>
<tr><td>设计压力/MPa</td><td colspan="2"></td><td>试验压力/MPa</td><td></td></tr>
<tr><td>允许压力降/MPa</td><td colspan="2"></td><td>实际压力降/MPa</td><td></td></tr>
<tr><td rowspan="2">稳压时间/min</td><td>试验压力下</td><td></td><td rowspan="2">试验日期</td><td rowspan="2">年　月　日</td></tr>
<tr><td>设计压力下</td><td></td></tr>
<tr><td colspan="5">试验中情况：</td></tr>
<tr><td colspan="5">试验结论：</td></tr>
</table>

<table>
<tr><td rowspan="2">监理(建设)单位</td><td rowspan="2">设计单位</td><td colspan="3">施工单位</td></tr>
<tr><td>技术负责人</td><td>试验人员</td><td>质检员</td></tr>
<tr><td></td><td></td><td></td><td></td><td></td></tr>
</table>

注：本表由施工单位填写，城建档案馆、建设单位、施工单位保存。

附录 15 设备强度/严密性试验记录

设备强度/严密性试验记录				编号	
工程名称					
施工单位					
设备名称				设备位号	
试验性质	□强度试验 □严密性试验			试验日期	年 月 日
环境温度	℃	试验介质温度	℃	压力表精度	级

试验部位	设计压力/MPa	设计温度/℃	最大工作压力/MPa	工作介质	试验压力/MPa	试验介质
壳程						
管程						

试验要求：

试验情况记录：

试验意见及结论：

监理（建设）单位	施工单位	

注：本表由施工单位填写，城建档案馆、建设单位、施工单位保存。

附录 16　供热管网工程清洗检验记录

<table>
<tr><td colspan="3">供热管网工程清洗检验记录</td><td>编号</td><td></td></tr>
<tr><td>工程名称</td><td colspan="4"></td></tr>
<tr><td>施工单位</td><td colspan="4"></td></tr>
<tr><td>冲洗范围(桩号)</td><td colspan="4"></td></tr>
<tr><td>冲洗长度/m</td><td colspan="4"></td></tr>
<tr><td>冲洗介质</td><td colspan="4"></td></tr>
<tr><td>冲洗方法</td><td colspan="4"></td></tr>
<tr><td>冲洗日期</td><td colspan="4">年　　月　　日</td></tr>
<tr><td colspan="5">冲洗情况及结果：</td></tr>
<tr><td colspan="5">备注：</td></tr>
</table>

<table>
<tr><td rowspan="2">监理(建设)单位</td><td colspan="2">施工单位</td><td rowspan="2"></td></tr>
<tr><td>技术负责人</td><td>质检员</td></tr>
<tr><td></td><td></td><td></td><td></td></tr>
</table>

注：本表由施工单位填写，建设单位、施工单位保存。

附录 17　工程竣工验收鉴定书

工程竣工验收鉴定书		编号	
工程名称			
开工日期	年　月　日	完工日期	年　月　日
设计概算		施工决算	

验收范围及数量(附页共页)：

验收意见：

本工程竣工质量评为：　　　级

验收组组长(签字)：

建设单位(签字、公章)：　　　　监理单位(签字、公章)：

设计单位(签字、公章)：　　　　施工单位(签字、公章)：

单位(签字、公章)：　　　　单位(签字、公章)：

竣工验收日期：　年　月　日

其他说明：

注：本表由建设单位填写，城建档案馆、建设单位、监理单位、施工单位保存。

附录18　工序(分项)质量验收报告

工序(分项)质量验收报告				编号	
工程名称		部位(分部)名称		工序(分项)名称	
施工单位		桩号		主要工程数量	

序号	外观检查项目	质量情况	评定意见
1			
2			
3			
4			
5			

序号	量测项目	允许偏差	实测点偏差值															应量测点数	合格点数	合格率/%
				2	3	4	5	6	7	8	9	10	11	12	13	14	15			

交方班组		接方班组		平均合格率/%	
				评定等级	
施工负责人		质检员		评定日期	年　月　日

注：本表由施工单位填写，建设单位、施工单位保存。

附录 19 工程部位(分部)质量验收报告

工程部位(分部)质量验收报告			编号	
单位工程名称		部位名称		
施工单位				
序号	外观检查	质量情况		
1				
2				
3				
4				
序号	工序(分项)工程名称	合格率/%	质量等级	备注
1				
2				
3				
4				
5				
6				
7				
8				
9				
10				
评定意见		评定等级		
技术负责人	施工员	质检员		
日　期		年　月　日		

注：本表施工单位填写，建设单位、施工单位保存。

附录 20 单位工程质量验收报告

<table>
<tr><td colspan="4">单位工程质量验收报告</td><td>编号</td><td></td></tr>
<tr><td colspan="2">单位工程名称</td><td colspan="4"></td></tr>
<tr><td colspan="2">施工单位</td><td colspan="4"></td></tr>
<tr><td>序号</td><td colspan="2">外观检查</td><td colspan="3">质量情况</td></tr>
<tr><td>1</td><td colspan="2"></td><td colspan="3"></td></tr>
<tr><td>2</td><td colspan="2"></td><td colspan="3"></td></tr>
<tr><td>3</td><td colspan="2"></td><td colspan="3"></td></tr>
<tr><td>4</td><td colspan="2"></td><td colspan="3"></td></tr>
<tr><td>序号</td><td colspan="2">工序(分项)工程名称</td><td>合格率/%</td><td>质量等级</td><td>备注</td></tr>
<tr><td>1</td><td colspan="2"></td><td></td><td></td><td></td></tr>
<tr><td>2</td><td colspan="2"></td><td></td><td></td><td></td></tr>
<tr><td>3</td><td colspan="2"></td><td></td><td></td><td></td></tr>
<tr><td>4</td><td colspan="2"></td><td></td><td></td><td></td></tr>
<tr><td>5</td><td colspan="2"></td><td></td><td></td><td></td></tr>
<tr><td>6</td><td colspan="2"></td><td></td><td></td><td></td></tr>
<tr><td>7</td><td colspan="2"></td><td></td><td></td><td></td></tr>
<tr><td>8</td><td colspan="2"></td><td></td><td></td><td></td></tr>
<tr><td>9</td><td colspan="2"></td><td></td><td></td><td></td></tr>
<tr><td>10</td><td colspan="2"></td><td></td><td></td><td></td></tr>
<tr><td colspan="3">平均合格率/%</td><td colspan="3"></td></tr>
<tr><td>评定意见</td><td colspan="2"></td><td>评定等级</td><td colspan="2"></td></tr>
<tr><td colspan="2">施工单位</td><td colspan="2">项目经理</td><td colspan="2">技术负责人</td></tr>
<tr><td colspan="2"></td><td colspan="2"></td><td colspan="2"></td></tr>
<tr><td colspan="2">建设单位</td><td colspan="2">监理单位</td><td colspan="2">设计单位</td></tr>
<tr><td colspan="2"></td><td colspan="2"></td><td colspan="2"></td></tr>
<tr><td colspan="2">日　期</td><td colspan="4">年　月　日</td></tr>
</table>

注：本表施工单位填写，城建档案馆、建设单位、施工单位保存。